植物园创新发展与实践丛书

展览温室
新进展·新趋势

The New Development and Trends of
Conservatories in the World

胡永红　杨庆华　编著

中国建筑工业出版社

图书在版编目（CIP）数据

展览温室：新进展·新趋势／胡永红，杨庆华编著．
—北京：中国建筑工业出版社，2020.4
（植物园创新发展与实践丛书）
ISBN 978-7-112-24887-2

Ⅰ.①展… Ⅱ.①胡… ②杨… Ⅲ.①温室－农业建筑－
建筑设计－案例 Ⅳ.①TU261

中国版本图书馆CIP数据核字（2020）第031265号

本书结合自身实践、调研和思考，探讨了全球展览温室的新进展和新趋势。未来，展览温室将完美融合自然、建筑、技术和艺术。随着时代的发展、技术的进步、理念的更新，展览温室将从专业走向大众，为更多在建筑环境工作的人们提供生态福利。同时，与商业完美结合的引爆点会改变人类的生活和社会形态，且这种变化是在不断向前的，永无止境的。本书可供园艺专业工作者、相关院校学生及从事温室建设管理的同行参考。

Combined with its own practice and investigation and consideration, This book discusses the new development and trends of conservatories in the world. In the future, the conservatory will perfectly integrate nature, architecture, technology and art. With the development of the times, the advancement of technology and the renewal of ideas, the conservatory begin to move from professional to public, and provide ecological welfare for more people working in the built environment. At the same time, the tipping point that perfectly integrates with business will change human life and social form, and this change is constantly moving forward and never ending. This book can be used as a reference for horticultural professionals, students from related colleges and colleagues engaged in conservatory construction and management.

责任编辑：杜　洁　孙书妍
版式设计：锋尚设计
责任校对：芦欣甜

植物园创新发展与实践丛书
展览温室　新进展·新趋势
胡永红　杨庆华　编著
＊
中国建筑工业出版社出版、发行（北京海淀三里河路9号）
各地新华书店、建筑书店经销
北京锋尚制版有限公司制版
天津图文方嘉印刷有限公司印刷
＊
开本：787×1092毫米　1/16　印张：11　字数：225千字
2020年8月第一版　2020年8月第一次印刷
定价：118.00元
ISBN 978-7-112-24887-2
（35624）

序一

在"城市特殊生境绿化技术"丛书序中我谈到，城市快速发展之后，中心城区大量的不透水面将是限制城市环境质量提升的巨大障碍。在丛书中，针对不透水面，著者投入大量精力，集中在生境再造、植物筛选、特殊生境绿化以及平衡修剪、节水灌溉和精准营养补充等维护技术方面，做了大量研究，初步建立了城市特殊生境绿化的技术体系，对城市生态建设起到关键作用。但我也有个疑问，这些措施都是针对室外的，那些在室内空间办公的人，如何能足不出户就能享受到自然呢？

就在此时，收到永红博士给我的《展览温室　新进展·新趋势》样稿，快速浏览，发觉书中已很好地回应了我的疑问，并结合上海的项目做了展望，对我启发很大。该专著是为纪念上海辰山植物园十周年而出的系列丛书之一，也是永红博士长期坚持的一个方向，是2005年出版的《展览温室与观赏植物》专著的延续。

纵观展览温室的历史与发展，著者梳理出展览温室经过了4个迭代时期的发展：第 I 代展览温室是最早期的植物收集，如1760年的英国邱园柑橘温室；第 II 代是植物科研、景观与展示，如1960年美国密苏里植物园展览温室；第 III 代展览温室是与企业工作环境结合，作为员工独享的生态福利，如2018年美国亚马逊星球；第 IV 代展览温室是与商业的结合，建成集娱乐、休闲、消费等多功能复合体，如2019年新加坡星耀樟宜。

本书对第 II、第 III、第 IV 代展览温室做了详细的介绍与分析，并将之与当时的时代背景相关联，随着经济的快速发展、技术的不断革新，人们对品质生活的新需求等相应发生变化，展览温室的功能和内涵也随之变化，而本书中介绍的展览温室也证明了这一点。展览温室的发展历史其实就是一部社会发展、技术革新、需求转变的历史，新时期新的展览温室更是在历史迭代中不断成长和创新，都具有鲜明的时代印记。

那么下一代展览温室代表了什么，在上海中心区域，原世博会场址上新建的展览温室会展示什么主题，这是本书提出的一个思考：展览温室如何与城市人的需求相结合，如何让人的生活更美好，这是一个更大、更永恒的话题，也是"城市，让生活更美好"的世博精神延续。希望他们能在新理念、新材料、新技术这个方向上继续探索，创造更多更自然的室内空间，满足城市人对室内生态环境的需求，并获得成功；更加希望他们将成功的经验推广到全国乃至全球，让人口高度密集、高度城市化的都市都能分享这一理念，城市人在室内也可拥有更美好的接近自然的生活。

是为序。

2020 年 5 月

序二

　　近期，将世博后滩地区建成世博文化公园的项目引起了公众极为广泛的关注。由于世博文化公园地处45公里滨江岸线中最具景观优势的"凸岸"，如果规划为商业用地，其土地价值将达上千亿元。在如此寸土寸金的黄金岸线建设一个公园，相当于放弃了下一个陆家嘴，且公园属于政府公益性项目，不仅不能赚钱，还必须投入大量建设和维护资金，而这正表明上海建设"生态之城"的决心。目前世博文化公园所处的地理位置和所呈现的战略价值，对标近150年前建成的纽约中央公园（1873年），其重要性不言而喻。作为世博文化公园核心项目的展览温室建设也开始启动，面临新时代、新需求、高标准，如何建成一个好看、好玩，让老百姓满意的室内花园，我压力甚大，如何实现这个目标，心中忐忑。

　　近日，收到永红博士给我的《展览温室　新进展·新趋势》一书的样稿，便迫不及待地读了起来，很兴奋。书中让我解惑很多，一方面拓展了温室建设的新思路，另一方面理清了很多之前想而未决的事情。本书既有著者亲身参与国内几个展览温室建设的实践经验总结，也有世界著名展览温室实地参观交流的思想碰撞，在此基础上，通过进一步的系统梳理，列举了2005年以后世界上著名的新建和翻修展览温室如美国西雅图的亚马逊星球、新加坡的星耀樟宜、英国邱园的温带温室等，通过介绍其背景与概况、温室内容、特色以及对我们的启发，让我对温室现状和发展趋势有了深刻的理解。仔细阅读本书，可体会到温室未来的趋势：展览温室从最初的贵族化逐步过渡到平民化，其建设的主体也逐步发生转变，从科学院或植物园转为政府或企业；展览温室的展示形式更多元化，不仅仅局限于植物展示，而是采用更丰富的生物多样性，即融合植物、动物和实体模型等展示，展陈形式向博物馆学习，更具艺术性；展览温室的功能更丰富，不但满足游客的游玩乐学，更是让游客从被动的、静态的观赏到主动的、互动的参与，其创造的公共空间也是各种社会活动和商业演出的场所，如音乐会、舞台秀等。因此，可以看出，展览温室的发展是随着时代的发展、技术的进步、人们对社会的认识、对高品质生活的需求以及对多功能共享互动的拓展而逐步发展的。未来的展览温室更是从需求出发，相融相辅，成为公众美好生活首选的、必备的、重要的文化中心和城市文化新名片。

目前，正值上海面向未来、面向世界转型发展，迈向全球卓越城市的重要时机，在这样高度城市化、高密度聚集的地区，打造一座集文化性、生态性和公共性为一体的世博文化公园意义重大，而展览温室作为世博文化公园的核心建设项目，其重要性更是不言而喻。展览温室营造的人工生态环境，相比自然环境不仅集聚了当前国际最前沿的营建理念、最新材料和最新技术，更是上海践行国家生态文明战略和对习总书记"两山"理论的遵循和延展。未来，展览温室不仅是世博文化公园绿色皇冠上一颗璀璨的明珠，更是上海生态文明建设中的又一重大举措，这是有别于纽约中央公园的一大创举，必将成为上海展示城市生态、艺术、文化与理念的地标性场所。

本书对世界前沿温室的总结和归纳，对处于建设中的世博文化公园展览温室来说是及时雨，一定程度上缓解了我的压力，建议编著者用书中发现的规律和理论去指导新温室建设。未来的时代是技术的时代，是以服务人的需求为第一要素的时代，要融合新理念、新技术和新材料，要建成一个让公众"惊艳、惊叹"的室内花园，让游客与自然融在一起，乐在其中、享在其中。

是为序。

冯经明

2020年4月16日

自序

展览温室在全球的发展速度远远超出我们的想象。本书是国内出版的第二部关于展览温室的书籍，也是著者在2005年后参观世界各地展览温室和参与国内多个展览温室的建设，尤其是上海辰山植物园展览温室建设，并结合新时期政府、公众、社会需求和展览温室功能转变而总结归纳的第二部温室专著，既是对新时期融合新技术、赋予新功能展览温室的进展进行总结，也是对未来展览温室的发展方向提供参考。

第一部《展览温室与观赏植物》书籍，总结了2005年前的温室建造与维护情况，如展览温室的历史、建筑类型、展示主题、植物种类、环境控制等。现在来看，前面一本书的内容显得有点单薄了，本书则总结了2005年到现在全球具有里程碑意义的温室进展，在总结2005年后世界著名的6个新建温室、2个新翻修温室建设的基础上，归纳了温室建造的规律以及新的发展趋势。

在参观学习和参与建设的过程中，感受最深，且能称得上里程碑意义的有3个温室。第一个是上海辰山植物园展览温室，辰山温室的建设是基于团队在国内已设计施工9个温室的基础上进行的，对温室的了解亦已相当深入，尤其是对植物及其所需环境的把握、植物内部的景观布置以及管理维护技术等。所以，在进行室内景观设计时，对原建筑师的规划方案做了比较大的调整，主要是让植物更具故事性，更能与建筑和其内部的环境完美融合，包括植物、环境要求、介质、景观置石、道路乃至路上的方向指引等每个细节都很周到。温室建成后，至少在室内植物景观上，把自然景观浓缩，并与人的观赏需求有机融合，辰山温室应该在国际上占有一席之地。但仍留有些许遗憾，就是用粗颗粒风化花岗岩介质虽然透气性强，但后期还是产生了板结及酸化等问题，一定程度上影响了植物的生长。另一问题则是温室的降温系统没能达到既定需求目标，硬件如遮荫网系统、喷雾系统，及软件系统都因各自问题不能正常工作，更谈不上整合，一定程度上降低了温室的水平，这是之后的新建温室需要加强的。

第二个温室是在美国西雅图亚马逊总部的"星球"，所谓的室内自然花园式办公区，这个温室一方面印证了著者在前一册书中预测的温室的发展方向，另一方面让人感受到美国在高技术支持下，该温室实现了超现实的梦幻主义理想，满足企业员工的生态福利这是我们团队难以企及的。

最后一个温室是新加坡星耀樟宜，看到温室设计图的那一刻，心里突然一沉，那座巨大的瀑布一下子把我的思路炸裂，冥冥之中好像是我们的概念，只不过让他们抢了先！后来仔细看，确实佩服设计师和建设方的高明。设计师的高明之处在于，巨大的瀑布喷流而下带来的风和水分，为地处热带的温室带来了天然的新风和湿度，既能满足植物的生长，也能满足游客的环境需求。建设方的高明之处还在于，温室不仅是一个吸引大批乘机游客眼球的亮点，更多的是为下层的商业带来更多的游人和巨大的商机，两个合作共赢，持续发展。这个理念需要我们深入学习，并在今后新建温室中付诸行动。

当然还有其他非常具特色的温室，会在书中有所介绍。研究 2005 年后新建成的展览温室，可以看出温室已经呈现出如下几个趋势：（1）由植物园延伸到社会公共空间、公园中央绿地空间，由贵族化到平民化；（2）相对简单的植物展示技术变为复杂控制，植物多样及地形起伏的室内环境；（3）由相对简单的展示功能变为温室作为载体，承担植物展示、社会活动以及商业娱乐等多样功能，这种综合功能保证了温室建设和维护投入上的可持续性。分析这些规律和趋势可为今后即将建设的展览温室提供有力的技术支撑；同时，在可预见的城市未来，室内生态环境对今后生活工作在城市中心高楼大厦的人来说非常重要，新建的办公楼将会逐步增加室内花园这一部分，既有建筑也会在改造和更新时加入此功能，这是工作者能在办公区内直接接触自然的大好时机，如果是这样，本书可为未来室内花园建设提供参考。

本书共分为三部分，第一部分为 2005 年以后，世界新出现的新颖展览温室，共介绍了 6 个展览温室，分别是英国邱园高山温室、上海辰山植物园展览温室、新加坡滨海湾花园温室、韩国生态馆、美国亚马逊星球、新加坡星耀樟宜；第二部分为 2005 年以后，老一批建设的展览温室由于景观和展示较差、设备设施陈旧、技术更新等进行翻修的展览温室，共介绍了 2 个展览温室，分别是法国巴黎自然博物馆温室和英国邱园温带温室；第三部分是对新建温室进行分析，结合社会、公众、展示等需求变化探讨其发展规律，并对未来如何新建一个顺应时代需求、具有全球影响力的展览温室进行展望。

本书编著过程中，同事王昕彦、王一椒、潘向艳等多位同志给予了很多的帮助，翻译了大量的英文资料，拍摄了大量的珍贵照片，并参与了部分章节的撰写，在此表示感谢；德国瓦伦丁城市规划与景观设计事务所中国地区首席代表丁一巨，上海植物园绿化工程有限公司朱根龙总经理、牛庆炜设计师、范世方工程师、袁琳玉工程师等给予了指导和帮助，并为本书提供了大量珍贵的现场资料；还有一些同行协助收集了国外温室的照片，以及引用网上的资料照片，在书中已按照相关要求给予标注，在此表示感谢，不一一列举；感谢中国建筑工业出版社杜洁、孙书妍等编辑对本书的出版倾注了大量的心血；感谢上海地产（集团）有限公司冯经明董事长百忙之中为本书作序。由于编著时间较短、著者水平有限，纰漏难免，欢迎大家批评指正。

编著者
2020 年 2 月

前言

展览温室起源于欧洲文艺复兴时期（公元16世纪），那时的温室多半是为植物引种服务的栽培和繁殖基地，以及皇室或贵族等休闲聚会、炫耀华贵的场所。在不断的攀比和效仿中，展览温室的结构材料、建筑形式、加温方式、植物主题与环境控制等方面都得到不断的探索和发展，逐步形成一套理论体系，为后期展览温室的发展奠定了基础。到了19世纪，一批新颖著名的展览温室出现，如英国邱园棕榈温室（1844—1848年）、德国大莱植物园温室（1852年），此类温室的特点是规模大，外观宏伟美丽且有特色，植物种类繁多，专业性强，且向公众开放。到了20世纪下半叶更是世界植物园发展的黄金时期，随着科学技术的发展，由高新技术装备起来的新型温室诞生了。新建的展览温室更是融入了最新的科技和理念，在外形、内部环境控制等方面有了新的进步。建筑造型方面更趋多样化，开始运用新型建筑材料和新的结构方式，注重减少能源消耗、提高环境因子的调控能力等问题。同时，在覆盖材料、结构材料和加热系统三方面也取得了较大的突破。其代表性的温室有美国纽约植物园温室（1997年翻修）和密苏里植物园温室（1990年翻修），英国的威尔士王妃温室（1985年）和伊甸园（2001年）。

在此期间，也出现了一系列介绍温室相关的书籍，如J. Bontsema的《温室气候控制》（Greenhouse Climate Control）、Joe J. Hanan的《温室》（Greenhouses）等，但此类相关的书籍多是介绍温室的环境控制和影响植物生长的关键因素等，没有对温室的建筑形式、景观营造、科普展示、主题展示、植物类群等进行介绍。直至2005年《展览温室与观赏植物》[1]一书出版，对世界展览温室的发展、温室建筑的类型、植物展示主题和种类、温室布展和环境控制、世界著名展览温室等进行了详细的描述，书中内容既融合了作者建设展览温室的实践经验，也有国内外参观学习的体会和思考，这为展览温室的建设和城市新园林的构建提供了参考。同时，书中也首次提出展览温室的概念，是一个由人工控制、展示生长在不同地域和气候条件的植物及其生境的室内空间，是人们认识植物及其生存环境，保护和研究植物的重要场所，是全年可供公众学习、观赏、游览和休闲的绿色空间，是园林城市中的室内精品花园和内环境可调控的园林建筑。可见，本书是展览温室建设发展至今的总结，梳理了展览温室发展的历程和方向，更明确了其建设目的，是为保育植物和群落，展示自然生境和物种多样性，供游客游玩和科学普及的场所。

随后十几年的发展，随着人们生活品质的提高、功能需求的拓展以及建设温室主体的变化，展览温室的概念又进一步拓展，其主体已从植物园载体变换为政府或企业的需求，从植物多样性的展示变换成生物多样性的展示，从单一的植物展示功能变换为多功能的博物馆形式展示。

1．2005 年以来新建展览温室进展

2005 年以来，随着人们生活水平的提升，科学技术的日新月异以及社会功能的变化，世界展览温室的格局又进一步扩大，出现了更多更新颖的展览温室。大体分为以下几个方面：

（1）植物园载体的展览温室

近几年乃至未来的十年时间内，植物园迎来了黄金发展期，出现了很多新建的植物园或新建的展览温室。其建设展览温室的目的一方面是从植物园的功能出发，收集保育更多气候带更多特色的植物类群；另一方面，通过科研和园艺研究，更好地发掘植物价值，从而更好地为社会和人们服务。上海辰山植物园展览温室突出植物多样性和展示景观性，是现代温室建设的一个里程碑式的项目。

（2）政府或社会载体的展览温室

随着人们的需求以及社会功能的拓展，出现了很多政府或社会为载体的展览温室建设，如 2013 年韩国生态馆（Ecorium），2014 年青岛园博会展览温室，2018 年亚马逊公司最新建造的与办公相结合的亚马逊星球，还有青岛和上海等地正在策划中的新展览温室等。

（3）高新技术下的新展览温室

高新技术的应用，使得展览温室环境条件能够被更好地创造，从而满足不同类型的植物生存，其中最突出的莫如高山冷室的营建，如英国邱园高山温室（2006 年）、新加坡滨海湾花园展览温室（2012 年）和新加坡星耀樟宜（2019 年）等。

2．2005 年以来翻修展览温室进展

2005 年以来，出现了一大批新颖、独特的展览温室，为世界展览温室的发展奠定了基础。老一批展览温室由于景观和展示的需求，亟需对设施设备进行维护，对技术进行更新，因而出现了许多旧温室的改造项目，且这既是现实所需，也是时代发展的必然。温室的改造主要围绕温室结构材料、植物材料、环控系统等方面。首先，从温室的结构材料来说，向质量轻、强度高、抗腐蚀和锈蚀能力强的方向发展，如从早期的木结构或石结构的温室，到铸铁结构温室，再到 19 世纪下半叶钢结构温室，再到现如今的铝合金温室等。从温室的植物材料来说，由于植物生长的需求，很多高大的乔木，如榕树、棕榈等生长到温室的顶层空间，给后期的维护带来不便。从温室的环控系统来说，很多的系统调控设备，如开窗、喷雾、遮阳等都会出现问题。因此，随着时间的推移，展览温室均因老化产生了结构安全、设备故障、功能滞后、耗能过多、材料过时的问题，一些经典的分类系统也与当今的主流产生了矛盾，无法满足专业人士、学生以及普通市民对于前沿知识的需求。因此，如何根据温室自身的不足进行修缮、更新与提升，也是温室发展的一个重要阶段。近期翻修的温室有法国巴黎自然博物馆温室和英国邱园的温带温室等。

3．前景展望

总结展览温室的历史与发展，并探索和研究其今后趋势将是一件十分有意义的事。

首先，人类意识逐渐由开发自然转变为保护自然，高新科技助力未来展览温室实现可持续发展。从 20 世纪 80 年代开始，国际上对绿色建筑开始关注，在高层建筑空间内引入绿化等一系列基于生态考虑的措施开始了更多的实践，同时对室内自然景观设计也产生了影响。比较有代表性的是建成于 2001 年的英国伊甸园（Eden），其目标宣言为：促进对植物、人类和资源之间重要关系的理解，进而对这种关系进行负责任的管理，引导人们走向可持续发展的未来。这座在废弃的陶土坑上建设的巨型塑料膜穹顶温室，就好像是由许多生态系统组成的人造自然界，其内人为营造了世界不同地区的气候，展示不同气候环境下的奇特植物。并通过采用自清洁和可循环的 ETFE 膜、可再生的加热能源、雨水收集和再利用等措施，在温室建设与运行的各环节中体现可持续性。同时，随着科学技术的不断进

步，使得绿色能源及其高效、节约化利用成为可能。于是往后陆续建成的英国邱园高山温室（2006年）、新加坡滨海湾花园温室（2012年）、新加坡星耀樟宜（2019年），都采用了先进的环境调控系统和新的能源材料等，成为可持续发展和绿色环保建筑的典范。

其次，人们对展览温室的需求不再局限于单纯的植物景观展示。早期的温室在景观布局上大多雷同，缺乏自身特色，虽有新奇植物的展示，但景点的策划和营造不够系统、明确，对历史文化挖掘不深，温室缺乏文化内涵。随着社会的进步，传统单一的植物展示，以及趣味性、游览性、游客参与度较低的景观已不能满足公众对展览温室的需求，正逐渐被具有鲜明文化特色、生物多样性及人—景互动性较强的现代展览温室所取代。例如，建成于2009年的英国威斯利花园温室，不仅收集和展示丰富的植物类群、各类园艺主题，及一年一度的园艺大赛，还设置有特色科普展示和动物景观展示。其中，最有吸引力的是设置在假山堆砌的山洞里的根部展示，借助灯光、电子屏幕等多媒体技术向游客介绍有关植物根系的科普知识。每年春季，温室内还会放飞很多蝴蝶，一方面帮助开花植物授粉，另一方面也吸引了很多游客前来参观。同样在景观多样性方面取得突出成效的温室还包括加拿大的万象馆（Biome）、韩国的生态馆等。

另外，展览温室的功能不断被拓展，将逐渐以更加灵活多样的形式出现在城市生活中。随着城镇化的普及，越来越多的人远离乡村田野，远离自然环境，人们强烈期望在城市建筑的共享空间内营造绿色生态环境，从而形成生态住宅、绿色购物中心、绿色办公场所、园林式酒店、花园大厅等时尚空间。突破展览温室只建在植物园和公园的束缚，创新其设计和建设体系，使展览温室更多地融入城市建筑，体现人与自然和谐共存。例如，英国都比斯花园中心，其景观温室的运营理念是让更多的消费者把花园中心当成家庭休闲娱乐的目的地。花园中心除富有现代感的餐厅设计和新鲜的食物饮品，还能提供亲近自然的环境，这是有别于一般聚会场所的一大亮点，让游客在体验购物乐趣的同时，也可以在这里享受舒适惬意的自然生态环境。日本花鸟园是全球独有的室内立体鲜花展示，是集人、鸟、垂吊鲜花、绿植等为一体的自然生态环境。在其有限的空间内，通过垂吊鲜花、动物表演和互动拍照等，营造百花齐放百鸟争鸣的欢乐氛围，同时，花鸟园还提供优美的用餐环境，更增加了游客的幸福感和获得感。在展览温室的功能多样化方面极具代表性的还有可谓"将热带雨林搬进办公楼"的亚马逊星球（Amazon Spheres）（2018年）。

纵观展览温室随时代的不断发展和科技的不断进步，以及人类对美的不懈追求而不断变化，现代和未来的展览温室将不仅仅是植物园进行植物收集、栽培与适应性研究的场所，也是园艺景观、建筑设计、美学与艺术的完美结合，是和博物馆一样能成为一座城市文化与文明的地标建筑，是与社会生活完美结合的室内空间环境，更是供游客特别是青少年等接受科普教育的重要基地，将更加完美地诠释人、自然、科技三者之间的可持续发展关系，实现人们对美好生活的向往与追求。

参考文献

[1] 胡永红，黄卫昌. 展览温室 [M]. 北京：中国林业出版社，2005:2.

目录

第二部分 展览温室的翻修

第7章 法国巴黎自然博物馆温室翻修（2010年）

第8章 英国邱园温带温室翻修（2018年）

第一部分
展览温室的新建

20 世纪中后期至 2005 年之前，展览温室的发展属于稳步发展阶段，这阶段温室最显著的特点是融入最新的科技和理念，在温室结构造型方面更趋于现代化、多样化，在环境控制方面，更趋于智能化、系统化，在能源消耗方面，更趋于节能、低污染。总体来说都是围绕植物多样性、生境多样性、景观丰富性、科研和科普需求进行的，主体还是服务于植物及其行业、游客的需求。代表性的温室有美国密苏里植物园展览温室（1960年）、英国邱园威尔士王妃温室（1987年）、纽约植物园展览温室（1997年）、日本大阪"花与绿博览会"温室（1991年）、英国伊甸园（2001年）等。

2005 年后到现在，随着高新技术的应用，人们生活水平的快速提升以及社会功能需求的变化，展览温室迎来了快速发展的时期，出现了更多更新颖、更多样的展览温室。这些展览温室的变化主要体现在：（1）主体变化，从之前植物保育的植物园载体变化为政府或企业主导的社会公共空间载体；（2）功能变化，从之前的植物和景观展示转变为依托温室，融合工作、社交、活动等多样功能；（3）展示形式变化，从之前的单一植物展示转变为生物多样性的展示，融入了整个生态系统，包含动植物、昆虫等群体，展示的方式也从静态展示转变为动静结合展示；（4）参与度变化，从之前游客单一的被动接受到全方位的参与，既有植物模型展示，也有参与观察植物与动物或昆虫之间的协同进化关系。比较有代表性的温室有邱园高山植物温室（2006年）、上海辰山植物园温室（2011年）、新加坡滨海湾花园温室（2012年）、韩国生态馆（2013年）、亚马逊星球（2018年），以及新加坡星耀樟宜（2019年）等。

第1章

英国邱园高山温室（2006年）

1.1 背景与概况

邱园最早建立的高山植物温室可追溯于1887年和1981年（图1-1），这批高山植物温室，尤其是后期建立的高山植物温室并未充分发挥功用。原因是：①遮阳设施没有考虑，只能在玻璃上面喷涂遮阳涂料；②没有考虑室内空气流动，加装的风扇噪声巨大，所以植物展示效果较差，也没能很

图1-1　邱园内的金字塔形高山温室曾于1981年开放，后因Jodrell实验室扩建而于2003年关闭[1]

好地吸引游客参观。最新的戴维斯高山温室（Davies Alpine House）是2004年9月开工建设，次年6月底建成，并于2006年3月对外开放（图1-2）。这座温室由著名的Wilkinson Eyre建筑事务所设计，并以捐助者Edwin Davies OBE的名字来命名[1]。新建的高山温室是将先进科技与能源高效利用完美融合，既充分体现实用性又极具吸引力的建筑。解决了之前旧的高山植物温室不能满足内部植物生长需求等问题，同时也提升了世界著名的英国皇家植物园——邱园在高山植物收集、展示和科研等方面的声誉（图1-3）。

戴维斯高山温室坐落于岩石花园内靠北的位置，西邻威尔士王妃温室（Princes of Wales Conservatory），是整个邱园最小的温室（图1-4），其形状类似于帆船，长16m，高10m，顶部和侧面底部开窗，形成烟囱效应，便于通风。玻璃12mm厚，可通过90%以上的光线，扇形遮阳系统能保护植物免受夏季强光的损伤。整体结构很好地将传统和最新技术融合，获得了英国皇家建筑师学会（RIBA）的大奖[2]。

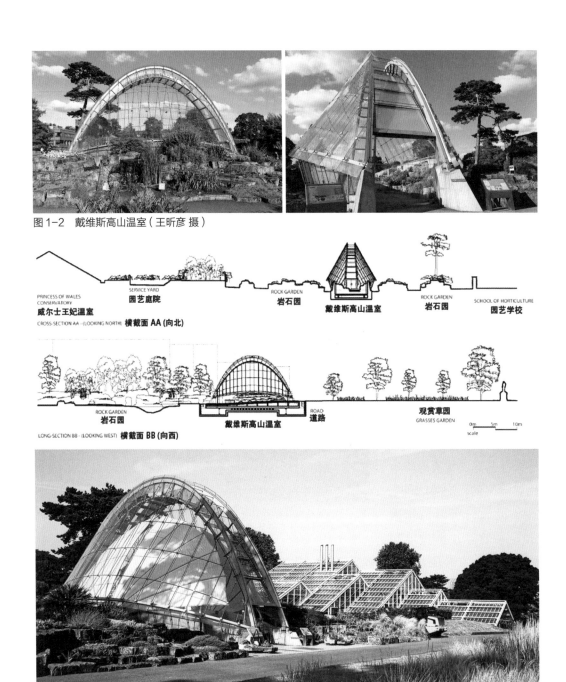

图 1-2 戴维斯高山温室（王昕彦 摄）

图 1-3 温室与周围的关系（张颖 摄）[6]

1.2 温室介绍

　　高山植物是指生长在高山林线及以上至雪线的山地植物，其生长的高海拔地区
（通常在海拔 2000m 以上）具有低温、强风、空气稀薄、紫外辐射强烈等独特的环境

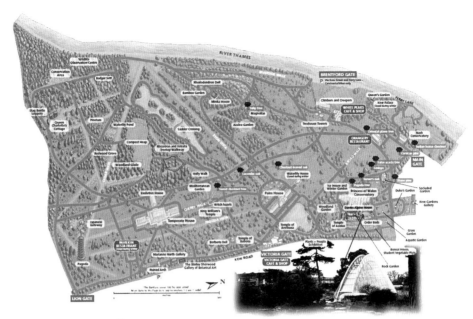

图 1-4　温室在邱园的位置 [6]

因素，因而高山植物在进化过程中形成了特有的生理生态适应机制 [3]。由于高山植物分布区环境极端、交通不便等条件限制，针对其收集、展示、生理生态以及如何模拟原生境的气候条件等研究仍相对较少和滞后。长久以来，高山植物一直被看作被人类遗忘的宝石。

　　在野外，高山植物冬季处于休眠状态，此时气候干燥，其表面覆盖一层积雪以免遭受极端温度的影响。春季积雪融化为其提供了生长所需的水分，植物再吸收充足的阳光快速完成营养和生殖生长。高山植物生长季节短暂，这就意味着必须在有限的生长时间内快速开花并释放种子 [4]。戴维斯高山温室根据植物自然的生长环境和特性，人为创造了一个凉爽、干燥和多风的高原山地气候。温室展示的植物是邱园在高山植物苗圃培育出来的，只有当它们开花的时候，才会在这座温室里展示，因此所有的植物都连盆展示，养护也非常精细。

1.3　特色

1.3.1　植物奇特

　　戴维斯高山植物温室呈椭圆形，占地面积 $96m^2$，设置有两个出入口，蜿蜒的参观路径宽约 2m，以避免游览高峰期道路拥堵。温室内的岩石大部分是从之前的高山

图 1-5 展示台（张颖 摄）   图 1-6 种植床（张颖 摄）

植物温室移来再利用的苏塞克斯砂岩（Sussex sandstone），还有一些在缝隙中长有植物的石灰岩。温室内布置有植物、展示台（图 1-5）和种植床（图 1-6），这里展示的都是生长在阿尔卑斯山海拔 2000m 以上的高山植物。展示的植物种类主要有风铃草（campanulas）、郁金香（tulips）、石竹（dianthus）、蜡菊（helichrysum）、薰衣草（lavenders）、虎耳草（saxifrage）、百里香（thymes）、毛蕊花（verbascums）、小型蕨类（small ferns），以及一些鲜为人知的物种[4]，其中以智利蓝红花（*Tecophilaea cyanocrocus*）最为珍贵（图 1-7）。与之前的高山温室相比，戴维斯高山植物温室很重要的一项改进就是室内较高的光照水平（温室玻璃可以透过 90% 的光照），这意味着可以在室内种植一些垫状植物，例如垫报春属的丛生垫报春（*Dionysia tapetodes*），尽管有的种类在室内开花不多，但其生长状态良好[5]。

1.3.2 结构奇特

Wilkinson Eyre 建筑事务所的吉姆·艾尔（Jim Eyre）认为高山植物温室的设计基于视觉上的考虑是次要的，该温室的形状和结构完全是由邱园的高山植物生长需求所决定的。与任何高山植物温室在设计时需要考虑的主要环境因素相同，例如良好的光照、良好的通风、夏季低温和冬季干燥，同时，在吸取了 1981 年建的高山植物温室教训后，重新将温室的遮阳考虑在内，以保持室内夏季凉爽。同时，植物生长所需的空气流动也应重点考虑。

1. 结构设计

与维多利亚建筑设计风格的温室不同，高山植物温室似乎完全由玻璃构成，几乎没有使用钢材（实际是较隐蔽），这样光线可以从各个角度进入温室。[6] 建筑设计为

图 1-7　秋水仙属植物（*Cocchicum cilicicum*）（左上）；灰岩长生草（*Sempervivum calcareum*）（右上）；
风铃草属植物（*Campanula isophylla*）（左下）；狐尾苋属植物（*Ptilotus manglesii*）（右下）（张颖 摄）

南北较长，东西较窄，即只有一个窄端朝南以尽量减少阳光直射，而建筑物的东西两侧在一年四季都提供最大限度的光照，即使在冬季也是如此（图 1-8）。

如图 1-9 所示，建筑师还使该高山植物温室具有一定的透明度。这是由于使用了不锈钢拉杆和夹具来支撑建筑东西两侧的结构性玻璃。由于材料和结构的原因，建筑内部的光照水平足以满足高山植物的生长需求。温室几乎完全是一个玻璃包层框架，玻璃是 12mm 厚低铁玻璃，可以使 90% 的紫外光被传送到室内。图 1-10 显示了用于固定玻璃的硅接头，其与一般的窗棂相比，光在传输过程中的损失量是最小的。通常情况下，6.35cm 的窗棂可以减少 5% 的光传输，而硅接头只减少了 1.5% 的光传输。此外，温室中央脊椎上补充悬挂了 4 盏照明灯，以便在冬季阴暗的天气里提升室内光照水平。[6]

图1-8 温室的结构方向（杨庆华 改绘）[6]

图1-10 用于固定玻璃的硅接头（杨庆华 改绘）[6]　　图1-9 戴维斯高山温室内的天景（张颖 摄）[9]

2. 气流、温控设计

在之前的温室设计中，存在一个主要的问题是室内过热，因为太阳的热量会被玻璃反射进入并保留在温室内。这次建筑师利用游艇制造公司提供的帆式技术，并基于类似孔雀尾巴的扇形形状，找到了一个创新的解决方案（图1-11）。其遮阳系统是由白色聚酯织物制成的百叶窗，可反射多余的太阳能热量，并能覆盖多达70%的玻璃面板。这是一套自动化控制的百叶窗，且东西两侧分别独立工作，因此它们可以单独对太阳光的入射角度做出反应，控制系统所能营造的遮荫度，以防止阳光太强烈的情况下室内温度过高（图1-12）。

温室的通风设施都是经过精准设计的。温室是两个背靠背的钢拱横跨混凝土地基，连接弯曲的玻璃边缘向下延伸到近地面，其最高点离地面10m，这个高度能产生显著的"烟囱效应"。冷空气通过东西两侧16m地基的通风格栅和在游览时间内完全开放的南北两个入口从迷宫倾注到温室内（图1-13）。冷空气进入后会下沉并使热空气上升，从而确保植物不会出现过热。通风口连接到屋顶拱门的两侧，由恒温器控制，这意味着上升的热空气可以由此释放到室外，让冷空气充满整个温室空间，并持续补充室内冷空气（图1-14）。但是，这并没有解决温室内水平的空气流动问题。

图 1-11　遮阳百叶窗展开（张颖 摄）

图 1-12　遮阳系统的工作过程[6]

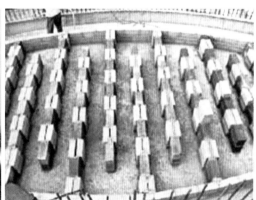

图 1-13　通风管道（左，胡永红 摄）和正在建设中的双层混凝土板迷宫[6]（右）

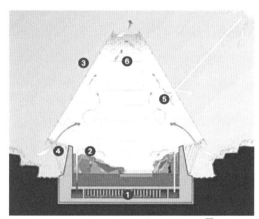

图注：
① 地下混凝土迷宫在夏季为空气降温
② 迷宫产生的冷空气经过植物并替代上升的暖空气
③ 透明、低铁的单层玻璃可以吸收大量日光
④ 永久性的外围通风口导入新鲜空气
⑤ 自动的内部百叶窗可遮挡白天的阳光，并阻止夜间的辐射热损失
⑥ 自动的屋顶通风口释放热空气

图 1-14　温室通风结构示意（王一椒 改）[7]

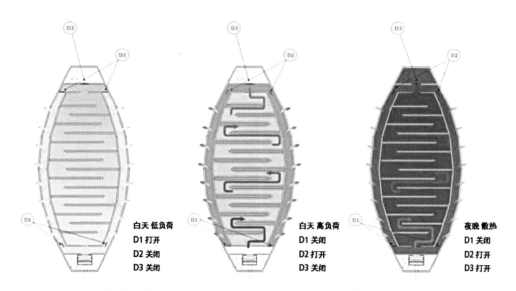

图 1-15　双层混凝土板迷宫控制风门将夏季进入室内的热空气冷却的示意 [7]

　　传统的高山植物温室是在其两侧的种植台高度上设置通风口，但在这样一个种植台高度不一、突出岩石地貌景观的温室内，这种设计是不切实际的，并且种植台最低处往往在温室中央靠近过道的位置。为了在种植床上产生气流运动，新的高山植物温室地下 3m 处是由标准的约 107cm 砌块组成的双层混凝土板迷宫，由 Atelier Ten 环境工程团队设计，并由 Kilby 公司和 Gayford 公司建造。这个结构模仿白蚁巢的自然冷却系统，外面的空气被吸入 80m 的交织隧道中，由于混凝土的热质特性，双层混凝土板迷宫在夜间冷却，然后依次冷却缓慢进入的空气，四个低能耗的风扇再通过管道轻轻地将冷空气传送给温室内的植物（图 1-15）。空气的流动也是经过专门设计的，管道顶部弯曲，将气流引导到植物上方位置。这样空气流动可以被限制或促进，且完全可控，使其成为一个非常灵活的系统 [6]。这不仅有助于保持室内凉爽的环境，夏季能在不使用空调的情况下使室温降低 4 ~ 5℃，而且还可以提供持续不断的气流来为温室环境保持干燥，以避免高山植物在潮湿的环境下出现腐烂。

1.4　启发

1.4.1　崇尚自然

　　戴维斯高山植物温室从最初的设计、建造到后期室内景观营造，始终将高山植物的生长需求作为核心和导向，这不仅是吸取了先前的高山植物温室总结得出的经验，同时也是戴维斯高山植物温室的建设取得巨大成功并被广泛认可的原因之一。成功的温室应该兼具美丽的外貌与科学的内涵，不仅要为公众提供一个优美而舒适的温室环境，更要为温室内的植物提供最适宜的生长环境。温室在景观营造时，有很多的设计原则，然而所有成功的温室都遵循同一个原则，即崇尚自然。[8]戴维斯高山植物温室种植生存环境差异大的植物，如北极高山植物、赤道山地植物等，这些特殊的植物在英国的气候条件下较难成活，而温室的设立既是对当地自然环境的改造，配合创新而卓有成效的结构设计和环境调控，保证植物生长在符合其自然特性的适宜环境下，才能确保其呈现出良好而稳定的生长状态，以实现高山植物的迁地保护。同时，可持续地发挥其在展览、科研和科普教育等多方面的作用。

1.4.2　应用节能创新科技

戴维斯高山植物温室是世界上可持续性建筑的一个典型代表，也是邱园留给世人的又一宝贵的建筑遗产，具备重要的研究价值和借鉴意义。该温室几乎完全依靠内部的能量驱动系统来营造一个高山植物的适生环境，向世人展现了建筑本身对创新节能科技的应用与追求。同时，温室的独创性还体现在建筑师对使用不可持续性技术的克制，例如拒绝使用高能耗的空调来为温室降温。尽管面临挑战，建筑师最终还是实现了不仅能够满足高山植物生长和养护特定要求的设计，还让人们对一个小规模的现代可持续性建筑有了详尽而直观的了解。其通过模拟白蚁巢穴、利用"烟囱效应"的内部冷却系统和高效通风系统，以及采用游艇技术开发的创新型遮阳系统实现了对高山环境的复制。

戴维斯高山植物温室崇尚自然与追求可持续发展的理念，与邱园追求创新高品质温室的理念相符。作为近30年来邱园建造的首个新温室，戴维斯高山植物温室开启了21世纪温室发展的大门，并阐释了21世纪的温室应该如何设计和建造。[9]它不仅丰富了邱园高山植物的种类和数量，还与其所在的岩石花园景观相互协调与衬托，从而使邱园提高了作为领先的科研中心的公众形象，并作为世界一流植物园的又一特色景点，从而持续吸引世界各地的游客前来欣赏。

参考文献

[1] WILFORD R. The Alpine house of Kew [J]. Curtis's Botanical Magazine, 2007, 24(1):63-70.

[2] https://www.kew.org/kew-gardens/whats-in-the-gardens/davies-alpine-house.

[3] 蔡金桓，薛立. 高山植物的光合生理特性研究进展[J]. 生态学杂志，2018, 37 (1): 245-254.

[4] Davies Alpine House [EB/OL]. [2018-6-14]. https://www.kew.org/kew-gardens/attractions/davies-alpine-house.

[5] Design of planting in Davies alpine house Kew Gardens-Display Gardens-Members' On-Line Discussion-Alpine Garden Society [EB/OL]. [2018-6-25] http://www.alpinegardensociety.net/discussion/displays//Design+of+planting+in+Davies+alpine+house+Kew/79/?page=1.

[6] Davies' Alpine House - Home [EB/OL].[2018-6-12] https://daviesalpinehouse.weebly.com/index.html.

[7] ZEILER W, BOXEM G. Active house concept versus passive house. Proceedings of the 3rd CIB International conference on Smart and Sustainable Built Environments (SASBE2009), june 15-19 2009, Delft. editor / R.Vehler; M. Verhoeven; M. Fremouw. Delft: Delft University of Technology, 2009.pp.1-8.

[8] 贺善安，顾姻，褚瑞芝等. 植物园与植物园学 [J]. 植物资源与环境学报，2001, 10(4): 48-51.

[9] Royal Botanic Gardens, Kew: Davies Alpine House-Wilkinson Eyre [EB/OL]. [2018-6-25] http://www.wilkinsoneyre.com/projects/royal-botanic-gardens-kew-masterplan.

第2章
上海辰山植物园展览温室（2011年）

2.1 背景与概况

上海辰山植物园位于上海市松江区，占地207hm²，是由上海市政府、中国科学院和国家林业局合作共建的综合性植物园，2011年1月23日展览温室正式开门迎客。作为植物园的园中之园，展览温室建筑设计由德国奥尔韦伯建筑设计团队承担方案和扩初设计，由上海现代建筑设计院深化施工（图2-1）。展览温室内的植物及其景观部分，鉴于其极强的专业性，因此单列由上海植物园绿化工程有限公司组建的专业团队进行设计与施工。

该展览温室展览总面积12608m²，是由三个温室组成的温室群（图2-2、图2-3）。来源于世界各地的植物品种对于环境的要求千差万别，为了更好地满足数千种植株的生境条件，需要模拟多种不同的原生环境，多个温室形式的群体更有利于区别控制。3个单体温室分别是热带花果馆、沙生植物馆和珍奇植物馆。其中热带花果馆包含了风情花园、棕榈广场、经济植物；沙生植物馆分别展示了澳洲、非洲、美洲在干旱少雨的环境下植物的形态差异；珍奇植物馆分别展示热带雨林的特有现象、食虫、兰花、苏铁等专类植物，目前收集植物5000多种，其中特色植物有见血封喉（*Antiaris toxicaria*）、百岁兰（*Welwitschia mirabilis*）、贝叶棕（*Corypha umbraculifera*）、巨人柱（*Carnegiea gigantea*）、油橄榄（*Olea europaea*）、菩提树（*Ficus religiosa*）等。[1]

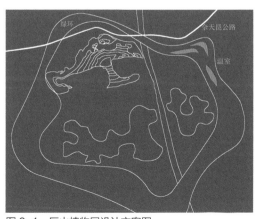

图2-1 辰山植物园设计方案图

图2-2 上海辰山植物园展览温室

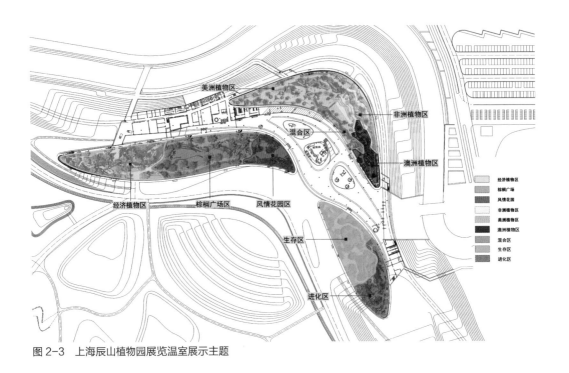

美洲植物区

非洲植物区

混合区

澳洲植物区

经济植物区　棕榈广场区　风情花园区

生存区

进化区

经济植物区
棕榈广场
风情花园
非洲植物区
美洲植物区
澳洲植物区
混合区
生存区
进化区

图 2-3　上海辰山植物园展览温室展示主题

2.2　单体温室介绍

2.2.1　热带花果馆

　　热带花果馆面积为 5521m², 展示主题是"花与果"。"春花秋实"是花与果的自然生息节律, 在花开的芳香中等待果熟的甘甜, 既是唯美主义的表现, 也是人们对理想世界的情感寄托, 正如禅语所讲, 一花一世界, 一果一天堂。该馆主要展出四季不同风格的主题, 通过植物的新、奇、特, 借助叶、花、果的色彩搭配和傣族文化、棕榈风情、地中海风情等人文景观设置, 以巨大的山体作为背景和屏障, 瀑布、水池、涌泉、喷雾等组景, 成就美丽多姿的室内花园。[2]

1. 风情花园 (Display Garden)

　　位于展厅的入口处, 主要表现繁花似锦, 花团锦簇、空中花园的概念 (图 2-4)。为充分展现丰富多彩的热带花卉, 展示四季不同的景观效果, 在植物选材上主要依据植物的自然最佳观赏期, 每年按节日、季节变换并结合旅游高峰进行新品花卉布置。根据展出的主题, 在入口宽阔的广场周边布置成一个百花竞放的场景, 用以引领市场和潮流。再通过一层层台阶, 引导大家去欣赏百花盛开, 溪水潺潺, 花篮垂吊的秀丽美景。沿途的骨架树种主要有旅人蕉 (*Ravenala madagascariensis*)、鹤望

图 2-4　热带花果馆风情花园

兰（*Strelitzia reginae*）等，林下地被主要根据季节的更替更换林下花卉，形成显著的四季季相特征。

2. 棕榈广场（Palm Square）

棕榈科植物是最具特色的热带植物类群，也是热带自然风光的象征（图 2-5）。棕榈科植物生长奇特，大型叶子成丛长在枝干的顶部，枝干多不分枝，单一通直。由于其特殊的株形，奇特的叶形，加上大多生长在热带、亚热带地区，成为景观的代表树种。沿着潺潺的溪水，跨过小桥，就来到了棕榈的王国，呈现在眼前的是一片开阔的空间，耸立着株型高大、奇特的棕榈植物，林下则配置了姹紫嫣红的新品花卉，形成了一副绚丽多彩的室内精品花园，同时，在温室中央有一片面积近 800m² 的草坪，可以更好地承载社会功能。不仅为游人提供大空间的欣赏视野，还更好地拓展了室内花园的使用功能。上层植物主要有树干挺拔、粗壮的霸王棕（*Bismarckia nobilis*），植株高大、形态优美的狐尾椰子（*Wodyetia bifurcata*），树干奇特的酒瓶棕（*Hyophore lagenicaulis*）、棍棒椰子（*Hyophorbe verschaffelti*），傣族文字记载的贝叶棕（*C. umbraculifea*）等。中层植物主要有植株丛生的三药槟榔（*Areca triandra*）等，布置强调精、巧，以实现棕榈广场的通透、宽敞的效果。地被以翠云草覆盖，点缀少量的花灌木植物，如扶桑、孔雀木、花叶木薯及新品花卉等。

图 2-5 热带花果馆棕榈广场

图 2-6 热带花果馆经济植物区

3. 经济植物（Economic Plants）

经济植物区主要展示南方地区有一定的经济价值的植物，如食用植物、医药原料、能源原料、除虫植物、有毒植物等（图 2-6）。该区植物的生境主要通过层层叠叠的山体来营造，其中高 5m 的山体不仅是不同植物类群硬质景观的分隔，又是棕榈花园背景的衬托，更是植物生境的分隔。该区特色植物有"果实人面像"的人面子（*Dracontomelon duperreanum*）、"口香糖原料"的人心果（*Manilkara zapota*）、"维生素 C 含量最高"的西印度樱桃（*Malpighia glabra*）、"植物油王"的油棕（*Elaeis gunieensis*）、"能源植物"麻疯树（*Jatropha curcas*）、"治疗咽喉肿痛"的胖大海（*Scaphium wallichii*）、"改变味觉"的神秘果（*Synsepalum dulcificum*）、"现代工业四大原料"的橡胶（*Hevea brasiliensis*）、"世界三大饮料"的咖啡（*Coffea arabica*）等。地被植物有红萼龙吐珠、凤梨、冬红、巴西野牡丹等。通过层层流淌的溪水，蜿蜒曲折的空中走廊，独具特色的茅草亭，在溪边、在山涧、在空中，在不同的高度和视角下赏果闻香，喜哉悠哉。

2.2.2 沙生植物馆

沙生植物馆面积 4320m²，展示主题"智慧用水"，展示沙漠干燥炎热的气候下形成的独特器官或特殊外形的沙生植物。本展区以不同的石材为基质着力表现与澳洲、非洲和美洲较为近似的原生环境，再通过配置原产澳洲、美洲和非洲的沙生植物，表现在不同恶劣环境下植物本身的适应能力，如叶退化，或变态为刺、毛，茎干膨大以储藏大量水分等。

1. 美洲区（北美区、南美区和附生类）

美洲区主要展示仙人掌科和龙舌兰科植物，辅助点缀景天科、大戟科、凤梨科、

图 2-7　沙生植物馆美洲区

胡椒科植物（图 2-7）。观赏特点是种类多，开花美丽，特别是附生类的令箭荷花，开花期将会很吸引人。

2. 非洲区（南非区、马达加斯加区、加那利群岛）

南非区是地球上多肉植物种类最集中的地区。本区主要展示南部非洲的多肉植物，如番杏科、百合科、景天科、萝摩科植物。其中尤以原产纳米比亚的百岁兰最为奇特，终生只有两片叶子，是多肉植物中唯一的裸子植物。

马达加斯加岛的植物在世界上地位很特殊，其多肉植物是马达加斯加植被区中的重要组成部分。据有关资料显示马达加斯加有芦荟 80 多种（全部为特有种），刺戟科植物一共 11 种全部产自马达加斯加（已收集 10 种），夹竹桃科棒槌树属（*Pachypodium*）大多成员原产马达加斯加，景天科、大戟科的肉质植物也相当多（图 2-8）。葫芦科齿葫芦属（*Odosycios*）仅 1 种，产自马达加斯加，其块根能长到直径 1m 以上，非常奇特等。

加那利群岛由 7 个岛屿组成，总面积 7000 多平方公里。由于季风和洋流的共同影响，这些面积不大的岛屿形成了冬雨夏旱气候冷凉的特点。景天科莲花掌属（*Aeonium*）是岛上最有代表性的多肉植物，其他还有大戟科的凤仙大戟、紫麒麟、墨麒麟（*Euphorbia canariensis*）等。这个岛屿的植物有一个独特的特点：植物的 C-value（单倍体基因组 DNA 量）特别低，在生物地理学和进化论的研究上有价值。此外，加

图 2-8　沙生植物馆非洲区

图 2-9　沙生植物馆澳洲区

那利群岛屿这种独特的气候下形成的植物习性对我们以后进一步研究地中海气候区植物有帮助。

3. 澳大利亚区

澳大利亚幅员辽阔，沙漠面积也很大。但目前作为多肉植物栽培的种类很少。仅昆士兰瓶树和澳洲草树等几种。目前布置的澳大利亚区以红色岩石构筑地形，植以少量昆士兰瓶树、槭叶瓶树、澳洲草树（图 2-9）。地面种植番杏科的澳洲双疣菊。

2.2.3　珍奇植物馆

珍奇植物馆面积 $2767m^2$，展示主题"植物故事"，讲述植物的生存进化，自然界适者生存，繁衍演化的竞争法则。一方面该区主要模拟植物的自然生态环境和植被状况，采用自然配置方式，使植物、峡谷、瀑布、小溪融为一体，创造出郁郁葱葱、生机盎然的雨林环境；另一方面主要介绍植物进化之路。植物的演化是一个由低等到高等的过程，本展区主要借助溪水从源头潺潺流淌，预示着植物慢慢进化的过程，源头主要种植高等植物最原始的蕨类、苏铁类群，溪水的尽头则布置着高等的兰花、凤梨植物类群。

1. 食虫植物（Carnivorous Plants）

食虫植物分布很广，几乎遍布全世界，主要分布在热带和亚热带地区，全球已知的食虫植物有 10 科，17 属，500 多种。主要的科有瓶子草科（3 属，18 种）、猪笼草科（1 属，91 种）、茅膏菜科（3 属，154 种）和狸藻科（3 属，320 种），凤梨科（2 属，3 种）。在食虫玻璃展箱内，在各种形状的木头组合成大、奇、特的造型上，附生一些凤梨、兰花，还有大大小小的猪笼草（*Nepenthes hybrida*）等，下层种植捕蝇草（*Dionaea muscipula*）、捕虫堇（*Pinguicula* spp.）、瓶子草（*Sarracenia* spp.）茅

图 2-10 珍奇植物馆食虫植物　　　　　　　　图 2-11 珍奇植物馆热带雨林

膏菜（*Drosera peltata* var. *multisepala*），主要突出新、奇、特的特点（图 2-10）。

2. 热带雨林（Tropical Rain Forest）

　　热带雨林是指阴凉、潮湿多雨、高温、结构层次不明显、层外植物丰富的乔木植物群落。热带雨林以丰富的物种资源为人类提供多样的食物、药物和其他经济植物，同时调节着地球的气体平衡，被称为地球的"肺"。因此，一方面通过峡谷、喷雾创造一个阴湿的自然生境，适合各种蕨类、天南星等植物的生长环境，又为参观者提供了不同的欣赏平台和层次；另一方面着力表现热带雨林的板根、独木成林、绞杀缠绕、老茎生花、附生等特有现象，具体植物主要是聚果榕（*Ficus racemosa*）、小叶榕（*Ficus microcarpa*）、斜叶榕（*Ficus tinctoria* subsp. *gibbosa*）、扁担藤（*Tetrastigma planicaule*）、雨树（*Samanea saman*）、见血封喉等，中下层主要配置火烧花（*Mayodendron igneum*）、葫芦树（*Crescentia cujete*）、四数木（*Tetrameles nudiflora*）等，地被植物主要以天南星科、凤梨科、秋海棠科、姜科植物为主，还有一些附生的兰花、蕨类，这些表现了热带雨林层次的丰富性（图 2-11）。

3. 专类植物（Special Plants）

　　专类植物在展览温室中的收集展示有着举足轻重的作用，一方面可以提升园区的科研能力，另一方面可以在物种保存、物种多样性方面发挥重要的作用。本展览温室主要展示兰科、凤梨科、苏铁科、蕨类等植物（图 2-12 ~ 图 2-15）。其中兰科有蝴蝶兰（*Phalaenopsis aphrodita*）、石斛兰（*Dendrobium nobile*）、笋兰（*Thunia alba*）、小花万带兰（*Vanda parviflore*）、兜兰（*Paphiopedilum* spp.）等。苏铁科植物有德保苏铁（*Cycas debaoensis*）、攀枝花苏铁（*C. panzhihuaensis*）、篦齿苏铁（*C. pectinata*）、石山苏铁（*C. miquelii*）等。蕨类植物有笔筒树（*Sphaeropteris lepifera*）、黑桫椤（*Alsophila podophylla*）、观音座莲（*Angiopteris* spp.）、苏铁蕨（*Brainea insignis*）、

图 2-12　珍奇植物馆专类植物——兰花

图 2-13　珍奇植物馆专类植物——蕨类

图 2-14　珍奇植物馆专类植物——苏铁

图 2-15　珍奇植物馆专类植物——秋海棠

长叶铁角蕨（*Asplenium prolongatum*）、闽浙马尾杉（*Phlegmariurus mingcheensis*）等。这些专类植物的生长借助于串钱柳（*Callistemon viminalis*）、五月茶（*Antidesma bunius*）、海南红豆（*Ormosia pinnata*）等上层植物创造的遮荫环境，再借助峡谷、滴水、喷雾、溪流等硬质景观营造出一种自然的生境。

2.3　景观特色

2.3.1　硬景材料的自然化

展览温室景观的营造都是依赖于硬质结构的构建，而硬质材料的选择往往能体现建设者对温室的理解和景观的把握。上海辰山植物园展览温室的硬景材料选择中，尊重和源于自然，全部使用原始自然材料是其中的一个特色，其中山石与木材的使用规模与数量最大。

1. 山石

山水骨架的塑造是整个温室景观设计的基础，展示主题和不同生境的植物的展示都要依托适合的地形。丰富的地形地貌可以为多层次、多角度的游览设计提供条件，也为环控设施的布设创造良好的掩蔽。

山石的容重在硬景材料中属于比较大的，随着地形的升高，荷载变大。在辰山展览温室中，基于温室保护特性和景观地形高度的要求，对山石基础的处理主要有：堆石部分，通过桩基加承台把力传导地下深层；堆土超过 6m 标高部分，地下通过换填轻质材料 EPS 板，降低荷载。

在珍奇植物馆的南部，选择以红色和黑色的火山石塑造 6m 高、1m 多宽的"蕨"情谷。山谷内山顶跌水到谷底，水流由南向北穿梭整个热带雨林。火山石表层呈网孔状，有很好的吸水性，石头内矿物质丰富，即能体现热带雨林的原始面貌。同时，也易于植物的攀附和生长。

沙生植物馆是三个展馆中唯一没有水景的，这是温室内干燥气候的需要，也是反映多肉植物原生环境的需求。分别以红色丹霞石、黄色沙积石、灰色碎石模拟澳洲、非洲、美洲的原始地貌，给人直观的视觉感受，置身于原始的生境中。

热带花果馆以水的灵动隔开风情花园与棕榈广场基底相连，以 5m 多高的假山瀑布作为棕榈广场的背景，将展馆长向的室内空间分隔，为丰富游览设计提供条件。同时，外表呈片状、横向纹理的黄山奇石以石包土的方式垒砌的假山浑厚、稳重，与竖向上挺拔高大的棕榈科植物相得益彰，起到延展室内空间作用（表 2-1）。

展览温室石材选用分析　　　　　　　　　　　　　表 2-1

单体温室	石材名称	实景照片	特征表达
珍奇植物馆 Rare and Exotic Plants Greenhouse	黑色火山石		中小型的石材，红色和灰色，表层呈网孔状，吸水好，内含矿物质，也易于植物攀附和生长，很好地体现热带雨林的面貌
	红色火山石		

单体温室	石材名称	实景照片	特征表达
沙生植物馆 Succulents Greenhouse	丹霞石		小型、中型、大型皆有，以红色、黄色、灰色不同颜色、机理及形状石材分别模拟澳洲、非洲、美洲的原始地貌，让人恍入其境
	千层石		
	沙积石		
	黄色碎石		
热带花果馆 Indoor Garden	黄山奇石		大型的石材，古朴厚重，肌理统一，外表呈层片状，与气势磅礴的瀑布交相呼应

2. 木材

相比石材的使用，木材给人带来更多的亲近感。温室中，湿度一般比较大，木材的选用首先需要解决防腐问题，同时又要与整体环境、展示主题相协调。

辰山展览温室中，选用的木材有：旧枕木、东南亚硬木、原木、水冲木（木材被河水冲到海里，表面皮层已经脱落，经过海水浸泡耐腐蚀）及表面刻花碳化花旗松，丰富的形态与表面肌理的木材使整体环境更加融洽。例如，使用粗壮的白千层、酸角原木搭建的傣族风格的无忧亭，与周边姿态各异的树木相互融合；使用碳化的木根与兰花、凤梨搭配，形成天然盆景；使用水冲木雕凿花钵与石钵相呼应，以水冲木组装的栏杆与环境相得益彰；使用枕木与东南亚硬木制成台阶，解决温室防腐问题等。这些石、木天然材料的组合，使植物自然生长的生境得以重现，同时其艺术化的效果更使游人驻足细观（表 2-2）。

展览温室木材选用分析 表 2-2

名称	实景照片	特征表达
枕木		表面压痕、古旧枕木与表面网孔、黑色火山石相互呼应
水冲木		自然扭曲形状水冲木组装栏杆，融合于自然生境当中
		表面多孔、形状自然的水冲木花槽与沙积石相得益彰

名称	实景照片	特征表达
原木		高大原木柱支撑的无忧亭尤为壮观
碳化花旗松		表面刻花碳化花旗松，在平板的表面下，多了细微节点

2.3.2 硬质结构的植物化

为了植物生长良好，就必须配套植物所需的环境条件，而这些条件的满足需要若干的硬质结构来支持，如通风、加温等。为了保证游客的舒适度和美观度，把所有的设施设备系统都放在地下，同时配套强风扇系统和降低通风柱的办法。因此整个展览温室地上设施中，主要是直径 1.1m、离地高 8m 的通风柱和 2m 宽、一定长度的通风管道，对景观有较大的影响。

在本设计中，对通风柱的景观处理有三种方法（图 2-16）：

（1）主要手法，通过细钢索与通风柱顶部放大圆盘连接呈收束伞状，再以爬藤植物爬钢索遮挡。

图 2-16　通风柱处理手法

（2）在热带花果馆中，以通风柱作为空中栈道平台支撑柱，两者相互结合，既解决突兀的通风柱，也节约了空中栈道的造价。

（3）在沙生馆中层沙漠中央的通风柱，以硬木和水冲木装饰完毕，加上植物的布展，成为全馆的视觉焦点。在珍奇植物馆，用橡树皮包裹整个通风管道，在上面或顶上种植爬藤或垂吊植物，形成一个自然的立体的植物景观，从而成为一大亮点。2m 宽的通风管道结合馆内主要游览道路布置，以管道顶板作为道路的基层，顶板上隔一定间距布置直径 0.8m 的通风口通风，上面盖上镂空盖板与道路铺装完美结合。

2.3.3　景观营造

展览温室展示不仅着眼于植物的新奇特和多样性，还需要通过环境营造出多种植物的生存环境，把自然以浓缩微景观的形式呈现出来，再结合人文特征，从而形成植物、自然和文化的三者交融，给人以美、奇、特的享受。同时，考虑到温室长的线条性，游客参观的层次感，从空间营造上也采用了动态、节奏、序列的变化形式，丰富游园的体验。[3]

1. 珍奇植物馆

珍奇植物馆从分区上主要划分食虫植物区、生存区（热带雨林）和进化区（蕨类到兰花），从空间上通过一棵"进化树"分割食虫植物区和热带雨林区；南部以峡谷堆山为蕨类和兰花展示的进化区。空间上，食虫植物区入口广场相对是个旷空间，沿线热带雨林空间逐渐收束，到"蕨"情谷空间收束到极致，同时由谷底到达山顶，空间上由极收到了极放（图2-17）。

在塑造兰花和蕨类景观的同时，充分考虑到原生境的特征，利用山体的垂直高度和火山岩吸水和附着植物的特性，结合枯木、水景和喷雾，创造出大自然的生存气息。蕨类到兰花的演化也是从瀑布的源头（蕨类的展示）随涓涓细流慢慢流淌至兰花墙（代表演化到高级即兰花的展示）。同时考虑到树蕨生存的时代特征，这里也充分结合了仿真恐龙的展示，从而表达1亿多年前古老的文化和历史气息（图2-18）。

2. 沙生植物馆

沙生植物馆从分区上主要分为澳洲区、美洲区和非洲区。由于多肉植物本身在竖向上有所欠缺，而且种类较少，因此更多地结合地形进行空间层次的分割。沙生植物馆是一个环形条状的开阔空间，因此为了丰富植物展示的形式，从硬质基础上进行层次塑造，再结合不同颜色的基底山石来模拟不同地区的原生境（图2-19）。

图2-18　蕨类到兰花的过渡

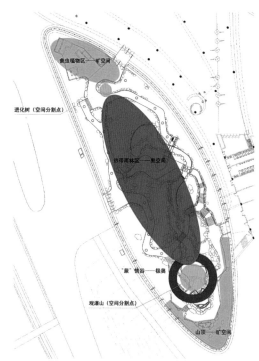

图2-17　珍奇植物馆空间序列

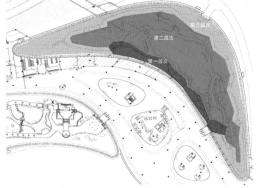

图2-19　沙生植物馆空间序列

图 2-20 附生仙人掌类植物

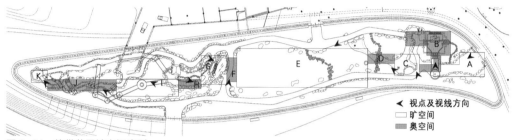

图 2-21 热带花果馆空间序列

在沙生植物馆，有一类不同于大家平常所见到的多肉植物，这类是生长在雨林中的附生仙人掌类植物。它们并不是平常所见到的带刺或柱状多肉，而是附生在树干上、岩石上的藤蔓类植物，叶子和茎干富含水分，需要高温高湿的环境（图 2-20）。

3. 热带花果馆

热带花果馆从分区上主要分为风情花园、棕榈广场、经济植物区。本馆主要展示花与果的故事，从花的芬芳到果的甘甜是对唯美的追求，也是人一生的写照。结合展馆特征和故事线，从空间上进行序列组织，疏密结合（图 2-21、表 2-3）。

热带花果馆旷奥空间分析 表 2-3

编号	名称	旷奥类型	实景照片	实现手段
A	入口广场	旷		开阔场地

编号	名称	旷奥类型	实景照片	实现手段
B	下沉花园	奥		下沉、围合
C	大水面	旷		开阔水面
D	蜿蜒水体	奥		水体收束
E	棕榈广场	旷		空旷、点状布置植物
F	夹道	奥		夹景

编号	名称	旷奥类型	实景照片	实现手段
G	山顶	旷		制高点、俯视
H	山洞	奥		空间收束
I	空中栈道	旷		凌空视点
J	溪涧跌水	奥		植物密植
K	种子平台	旷		平台

图 2-22　美洲图腾与凤梨

　　在热带花果馆假山塑造的同时，结合凤梨植物需光和附着的特性，再现凤梨的原生境。由于凤梨原产美洲热带地区，结合当地的图腾文化，表达植物与文化的交融，形成独特的景观（图 2-22）。

2.4　启发

　　上海辰山植物园展览温室的建设是在国内温室建设发展 10 年后的延续，这其中融入了团队建设温室的实践经验（1999 年昆明世博园、2001 年上海植物园展览温室等），又自主学习，到世界著名展览温室进行再锻炼和深化，如美国的长木花园（Longwood Garden）温室、英国的邱园温室和伊甸园等，因此其建设可以说是集大成的智慧体现，也是国内温室发展的 10 年浓缩。上海辰山植物园展览温室的建成对未来温室有着重要的启示作用。

2.4.1 大空间的跨度结构

随着科学技术的进步和人们对美的追求，现代展览温室造型美观、结构轻巧，一般采用网壳大跨度的形式，减少内部支柱，突出内部空间，这就对建筑的结构形式和空间需求提出了更高的要求。追溯展览温室的发展历程，可以看出，其建筑材料和建筑技术的发展是同步的。最早的温室建筑结构材料是石材和木材，仅在顶部让光线通过，其存在的问题是：植物所需的光线不够，木材易燃烧和腐烂；到19世纪下半叶，钢材开始应用于温室建造，这使得其结构和空间能够更好地服务于植物以及更能耐久，但温室环境的高温高湿使得钢材容易腐蚀，从而导致安全性和密封性存在隐患；到20世纪中期，铝合金逐渐作为结构材料越来越被广泛使用，其优点是载重量轻、强度高、抗腐蚀和锈蚀能力强等；现在ETFE膜也被广泛应用于温室建设，如英国伊甸园、东湾万科温室。

展览温室的造型对室外景观和室内景观设计都有着重要的影响。几个世纪以来，展览温室造型经历西式的维多利亚宫廷、古典的罗马穹顶、中式的八角楼、到现代的几何体组合、异形结构等。辰山植物园温室结构形式和内部空间主要考虑到如下方面：

1. 温室造型

辰山植物园"绿环"是连接植物、出入口、主体建筑的载体。通过高低起伏的"绿环"，一方面实现功能的划分，核心展示区在绿环内，苗圃和停车场等缓冲区在绿环外；另一方面，将植物园的三大主体建筑（科研中心、温室、综合楼）掩埋在"绿环"中，从而突出植物园的绿色特质。"绿环"通过视觉导向，将植物园的主要建筑与植物、科学内容与艺术外貌揉和在一起，并与主题花园融为一体，从形态上组织了一个大地景观艺术。

展览温室三个温室建筑的形状是受绿环在平面和俯瞰面形式影响产生的，它们围绕着共享空间排列着，共享空间从南向北不断延伸构成了整个温室建筑群的中心，展览温室的南面、东面和北面都与绿环的地形吻合；利用建筑物缓和地顺着绿环地形起伏的地貌，通过曲线活泼的平面和立面，将所有主要的建筑单体，浑然一体的完全融入绿环内，并且与背景的辰山交相呼应，组成一幅动人的画卷（图2-23）。辰山展览温室的西面是以草坪形成的绿色剧场，展览温室段绿环的地形棱角分明。

2. 室内大空间跨度结构

辰山植物园展览温室在形体的塑造上突破以往强几何形体，呈现为"软化"的倾向。它的整个结构采用仿生学原理，顶部为弧线形，运用铝合金单层网壳，采用玻

图 2-23　展览温室与周边环境的融合

璃覆盖。景观、生态的引入及透明的玻璃作为建筑的围合，使得建筑相对处于一种弱化的姿态。展览温室是由 3 座异形的单体温室组成，具体数据见表 2-4，总面积为 12608m²。整个温室造型别致，形体优美，气势宏伟。温室采用单层的铝合金网壳结构，最大跨度 40m，最小跨度 3.35m。顶部为弧线形，玻璃采用 6mm 厚的双层夹胶玻璃，顶高设计有 21m、19m、16m，以满足不同类群植物生长所需空间。[4]

辰山植物园温室群概况　　　　　　　　　　　　　　　　　表 2-4

	长度（m）	跨度（m）	高度（m）	面积（m²）
温室 A	204	3.35～34	21	5521
温室 B	147	4.39～40	19	4320
温室 C	111	3.75～34	16	2767

　　3 个展馆呈大的弯月形，弯月外凸部分是"绿环"堆土的挡墙，中间是共享空间，与每个展馆都有一扇门联系，也是开馆之后人流的主要出入口。其中，珍奇植物馆面积最小，为南北长向，长度约为 110m，有 3 个出入口；北侧与共享空间相交，南侧嵌入"绿环"堆土，建筑网壳结构支承混凝土基座南侧比北侧高 5m。沙生植物馆平面类似一道弯月，弧长约为 170m，有 2 个出入口和 1 个物流通道；东侧、北侧紧贴"绿环"堆土，西、南面紧邻共享空间，建筑网壳结构支承基座东、北侧比西、南侧

标高 4m 网壳基座　　　　　　　　　　　　　　　标高 9m 网壳基座

图 2-24　展览温室内部基础

高 5m，呈环抱形。热带花果馆面积最大，位于温室群北部，呈东西长向，长度约为204m，有 4 个出入口和 1 个物流通道。其东侧与共享空间相交，西侧嵌入"绿环"堆土，建筑网壳结构支承混凝土基座东侧比西侧高 5m。

馆内与室外是无台阶无障碍连接，即建筑网壳结构支承混凝土基座最低一级与室外地坪标高相同，均为 4m。每个展馆网壳基座由低到高按每米一个台阶往上抬，共5 级台阶。既解决了室外"绿环"堆土要比平均标高高 4～5m 的问题，也让建筑无论造型还是空间都富于变化，意味着每个展馆室内空间从 4m 标高起，都有一段最高5m 的混凝土基座墙体需要室内景观消化（图 2-24）。

2.4.2　再造自然

展览温室不仅是展示植物多样性的地方，同时，也是展示植物生境即植物与自然关系的地方，把自然浓缩成景观，再用丰富的代表性物种表达自然，让游客既欣赏千奇百态的植物，也能领略各具特色的自然景观。再造自然是植物与景观、科学与艺术的结合，丰富多样的植物种类，通过科学的配置手段，形成自然优美的景色让人流连忘返。如邱园威尔士王妃温室，采用了先进的电脑控制系统，创造了从干旱到湿热的10 个气候区，以适应不同气候类型植物的生长。根据收集的植物种类确定布置主题，依据空间布局和植株高度，以及花、果、干等观赏特性不同，按自然生长状态布置。上层为高大的榕树类植物，下层主要为有着迷人叶片和可忍受低光照的竹芋，同时配置许多种类的非洲紫罗兰和秋海棠，树上附生龟背竹，树冠上部生长凤梨类植物。另外，配置香蕉、菠萝、胡椒和姜科植物，创造出颇具特色的热带雨林区景观，可以说是科学与艺术的结晶。[5]

上海辰山植物园展览温室的建设更多以物种多样性为基调，自然营造为目标，再现了多种不同类型植物的生态展示。如自然生境的营造，是通过由外及内进行分步实施的。在外部表现形式上，针对不同植物野生环境下的典型地貌特征，营建山、谷、溪、峡、岩壁、砂地等典型生态地貌，依照植物在野生状态下的分布规律，分别布置于相对应的地形空间中，在外部展示形态上顺应自然规律。在内部植物生长保障系统方面，首先从土壤方面着手研究，经过充分调查和测试分析，选择了一种颗粒直径0.1~0.5cm、pH值为6.1的风化花岗岩作为植物生根层，上面再加上30~50cm厚的腐熟的介质作为营养层，实践证明植物生长恢复的效果明显。其次是浇灌水，以雨水为主、自来水为辅的浇灌系统，对植物的生长尤其对水质要求高的兰花、凤梨、食虫等植物提供更好的保证。[6] 对于温湿度控制系统，采用荷兰 Priva 专业自动控制系统，联动喷雾、遮阳、开启窗、加温设施等硬件设备，对三个温室以及每个温室中的不同空间区域进行独立控制，精确调整使一年中的不同季节，一天中的不同时段均能满足植物生长的需求。还有细节的处理，珍奇植物馆用枯木和水冲木作围栏，解决了硬质结构与自然环境的融洽。内外结合和注重细节的方法，营造出了适宜植物生长的小环境，也使游人产生身临其境的感受。

2.4.3 可再生清洁能源的利用

　　绿色建筑与可持续发展是人类未来生存的必然趋势，是全球重点关注的问题。能源是温室的生命线，这些生长在异国他乡的植物，如何安家落户、茁壮成长，需要人们为其创造一个适合它们生长的环境，而这些都需要能源来保障。无论是从古代的木炭、煤炭还是现在的石油、天然气，其燃烧产生热量的同时，都会产生废气排放，或多或少都会污染环境。因此，可再生能源如太阳能、风能、水能、地热等将会是能源发展的一个方向，作为目前对环境最友好和最有效的供热、供冷系统，地源热泵是解决建筑采暖制冷、能源节约和环保问题的最有效方式之一。地源热泵是一种利用地球表面浅层水源（如地下水、河流和湖泊）和土壤源中吸收的太阳能和地热能，并采用热泵原理，形成既可供热又可制冷的高效节能空调系统。地热热泵通过输入少量的高品位的能源（如电能），实现由低温位热能向高温位热能转移。地能分别在冬季作为热泵供热的热源和夏季制冷的冷源，即在冬季，把地能中的热量取出来，提高温度后，供给室内采暖；夏季，把室内的热量取出来，释放到地能中去。这样既可以有效降低运行成本，又可以减少大气污染，是理想的温室新型洁净能源。

　　上海辰山植物园展览温室首次运用了地源热泵，地源热泵通过管道连接到展览温室馆内，采取地下送风空调形式从人行道路上送出，这样可避免不必要的能源浪费。下送风空调形式供冷风只送到人员活动区，满足人员对环境热舒适性与空气品质的要求，利用空气密度差在室内形成自下而上的通风气流。室内下部冷空气受热源上升气流的卷吸作用、后续新风的推动作用及上部排风口的抽吸作用而缓慢上升，上升过程中与周围空气进行换热，从而使建筑上部非空调区域的温度明显高于下部空调区域，垂直温度分层现象明显。这种下送风空调系统更好地利用了空气密度热轻冷重的自然特性和部分污染物自身的浮升特性，通过自然对流运动达到对人员活动区域空气调节的目的，将余热和部分污染物锁定于人员活动区域之上，使人的活动区保持了较好的空气品质。

参考文献

[1] 杨庆华，黄卫昌，胡永红. 上海辰山植物园展览温室的特色与创新 [J]. 上海建设科技. 2011(02): 22-27.

[2] 卫辰，汪艳平. 展览温室景观植物的配置——以上海辰山植物园热带花果馆为例 [J]. 现代农业科技. 2016(15): 154-155.

[3] 范世方. 展览温室景观设计研究——以上海辰山植物园展览温室为例 [D]. 上海交通大学. 2012.

[4] 上海园林（集团）有限公司编著. 上海辰山植物园景观绿化建设 [M]. 上海：上海科学技术出版社 [ ]. 2013.

[5] 杨庆华，黄卫昌，胡永红. 上海辰山植物园展览温室的建设与思考 [J]. 中国园林. 2013(09): 81-84.

[6] 彭红玲. 新建展览温室土壤理化性状变化——以上海辰山植物园热带花果馆为例 [J]. 安徽农业科学. 2017, 45(4): 107-109.

第3章

新加坡滨海湾花园温室（2012 年）

3.1 历史与定位

新加坡滨海湾公园（Gardens by the Bay），占地 101hm²，坐落于新加坡的心脏地带，新加坡河的入海口——滨海湾区（Marina Bay）。

滨海湾公园由三块环绕蓄水池的花园组成：滨海南花园（Bay South，54hm²）、东花园（Bay East，32hm²）和中花园（Bay Center，15hm²）。目前世界上最大的玻璃冷室（Cool Conservatory）"花穹"（Flower Dome）和"云雾森林"（Cloud Forest）坐落于滨海南公园（图 3-1）的水岸线边，与园内的"超级树"一同成为新加坡的新地标。

2006 年，新加坡国家公园局（National Parks Board）举办了盛大的国际竞赛，以征集滨海湾 3 座滨水公园的规划设计。最终，格兰特及其合伙人（Grant Associates）模拟新加坡国花——兰花植株结构的滨海南公园方案脱颖而出（图 3-2、图 3-3）。该项目于 2007 年奠基建设，2012 年正式开放。[2]

图 3-1 滨海南花园（王昕彦 摄）

图 3-2 格兰特（Grant Associates）竞标方案——滨海湾区规划[1]

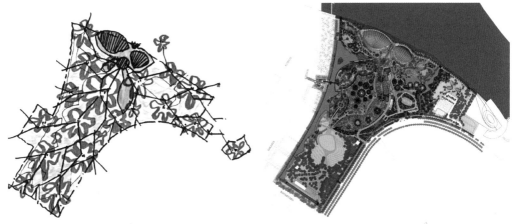

图 3-3 安德鲁·格兰特（Andrew Grant）早期概念手稿[1]

3.2 花穹和云雾森林

滨海湾花园不仅将建筑植入景观，更将景观引入了建筑，在一个人工填海区域创造出模拟自然的地标，将城市中心沿海滨伸展，同时在拥挤的城市里开辟出新的绿色公共空间，使社会活动与自然无缝衔接（图 3-4）。

两个玻璃冷室形似贝壳，一个宽而平，一个尖而高，形成了仿生的美学平衡。花穹跨度 170m，虽然内部的网壳结构足以支撑自身的重量，但还需要克服海风的压力。借鉴自然界中大型的贝壳坚硬的棱条，设计师在网壳外侧增加了弧形钢拱，在加固结构的同时尽量减少阴影的产生，形成了外侧钢拱（steel rib）和内侧网壳（gridshell）的双层结构体系（图 3-5）。从外部看，玻璃如同漂浮在一个弯曲的拱笼中；从内部看，玻璃网壳自成一体，阴影投射在地面交织成网。内外系统之间的联系非常隐蔽，宛若失重悬浮，连续的屋顶唤起了室内设计对现代主义的终极幻想——无尽空间。

图 3-4　漫步 OCBC 高空步道回望两座冷室（王昕彦 摄）

图 3-5　穹顶的双层结构（王昕彦摄）

　　花穹面积较大，占地 1.28hm²，结构高度 38m，模拟凉爽干燥的地中海和半干旱亚热带气候，展示地中海气候类型植物，叶状"梯田"沿主路径偏移，形成九个主题展区：猴面包树林、多肉花园、加州花园、南非花园、南美花园、澳洲花园、地中海花园、橄榄林及中心花圃（图 3-6）。

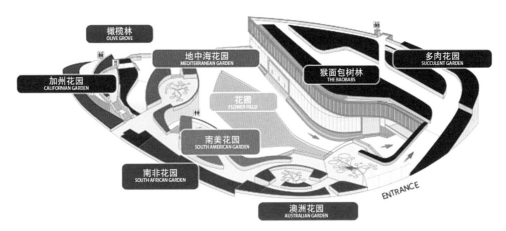

图 3-6　花穹九大主题花园（王昕彦 改绘）[4]

图 3-7　猴面包树区

图 3-8　南非花园

　　猴面包树区（图 3-7）：花穹内最大的一棵树，是来自非洲的猴面包树（*Adansonia digitata*），重达 32t 以上。吉贝属（*Ceiba*）植物弥勒异木棉（*Ceiba chodatii*），意为醉酒的棍子，膨大的瓶状树干十分奇特，与木棉相似，拥有光滑、轻盈的种子纤维，常用于制作枕头和靠垫。还种植原产马达加斯加西南部的象腿树（*Moringa drouhardii*）。加州花园种植美洲茶属（*Ceanothus*）的蜜源植物加利福尼亚丁香（俗名，California lilac）和熊果属（*Arctostaphylos*）的植物，这种漂亮的小灌木与食用蓝莓相近，挂满花朵时如一串串的小吊灯，它的果实是浣熊、松鼠和鸟类等各种动物所喜爱的食物，在旱季是营养物质的宝贵来源。

　　穿过南非花园，探索色彩缤纷的鲜花、多肉植物和球根植物（图 3-8）。南非拥有数量惊人的特有物种，如易发生山火的"焚薄"（fynbos）植物。这些物种具有针状的叶子，在沙质贫瘠土壤中形成丛生的坚硬灌木丛，十分易燃，它们厚实的地下

图 3-9　智利花园　　　　　　　　　　　　　　　图 3-10　澳洲花园

茎含有许多休眠芽，即使在火灾后也可以焕发生机。如南非的国花帝王花（*Protea cynaroides*），目前常用作切花。由于它们生活在脆弱的环境中，野外已经非常少见。原产南非的"天堂鸟"鹤望兰（*Strelitzia reginae*），也早已广泛应用于室内观赏和热带地区的园林绿化。除了这些已经深入人心的园艺种类，非洲多肉植物最高的物种之一，挺拔的树芦荟（*Aloe barberae*）也在此展示。

　　漫步迷人的智利花园，露台上高大的智利酒椰子（*Jubaea chilensis*）的规格令人震惊（图 3-9）。那株满身刺叶令猴子都难攀爬的正是智利的国树——智利南洋杉（*Araucaria araucana*）。原产于智利中东部的龙舌凤梨属（*Puya*）植物，它硕大而美丽的花序，吸引了蜂鸟为其传粉。在智利，它的嫩叶被当作蔬菜食用，成熟叶片中的纤维被用来制作渔网。

　　在澳大利亚花园中穿梭，通过迷人的西澳和南澳植物，探索在干燥凉爽的气候，物种如何适应漫长的旱季，又如何依靠火来帮助繁殖（图 3-10）。著名的昆士兰瓶树（*Brachychito nrupestris*）拥有奇特的锥形树干，是天然的储水器。澳洲草树（*Xanthorrhoea glauca*）生长缓慢，寿命长达 600 年。在丛林大火的刺激下，花开更为繁茂。袋鼠是澳大利亚的吉祥物，一种花苞与袋鼠爪子相似的植物袋鼠爪（*Anigozanthos manglesii*），因独特的造型，成为流行的室内植物，这也导致它逐渐消失在自然栖息地中。

　　多肉花园展示了许多沙漠植物，它们有些具有特化的刺，在减少蒸腾作用的同时保护自己，有些表面覆盖着一层蓝色或灰色的蜡质，有助于锁住水分和抵御紫外线（图 3-11）。这里主要展示仙人掌属（*Cacta*）、龙舌兰属（*Agave*）、芦荟属（*Aloe*）、青锁龙属（*Crassula*）等，还有块茎储水的南非葡萄瓮（*Cyphostemma juttae*）和金装龙（*Espostoa guentheri*）。

　　地中海花园展示了在阿拉伯神话中占据重要地位的椰枣（*Phoenix dactylifera*）、制作软木塞的西班牙栓皮栎（*Quercus suber*）、尖耸直立的地中海柏木（*Cupressus*

图 3-11　多肉花园

图 3-12　中央花圃

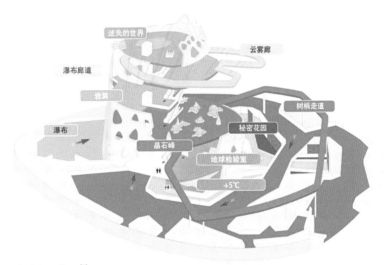

图 3-13　云雾森林主题花园[4]

sempervirens）和阔伞形树冠的意大利石松（*Pinus pinea*）等代表植物。意大利石松拥有上千年的悠久历史，松子可用于制作意大利传统的"香蒜酱"（pesto）。

地中海地区是世界上最早实践农业生产的地方之一，代表作物包括橄榄、无花果、葡萄、石榴、小麦和扁豆等等。橄榄林内的一株近 1000 岁高龄的橄榄树（*Olea europaea*）成为必游景点，人们也可以在这里观赏到贴近日常的无花果（*Ficus carica*）和石榴（*Punica granatum*）如何生长、开花和结果。

花圃中心区域，展示了一个不断变化的花园，花穹每季度中有一个月进行周期性降温，诱导植物开花，欢庆新加坡每一个重要节日（图 3-12）。

云雾森林（Cloud Forest），占地 0.73hm²，结构顶高 58m，壮观的人造山耸立于中心区域，高达 35m 的瀑布倾泻而下，细腻的喷雾营造出低处云雾缭绕的氛围（图 3-13）。[1] 整体模拟出热带山区湿润、凉爽的气候。

图 3-14　云雾森林　　　　　　　　　　　　　图 3-15　晶石峰

　　如果说花穹是一座来自异域特色的奇花异珍植物展示圣地，那么云雾森林则是穿越热带山地的沉浸式垂直旅程（图 3-14）。步入云雾森林，映入眼帘的便是气势磅礴的大瀑布，乘电梯直升山顶到达旅程的起点——"迷失的世界"（Lost World），而后沿云雾廊（Cloud Walk）、瀑布廊道（Waterfall View）、树梢走道（Tree Top Walk）漫步下山，时而悬浮于雾气里，时而穿梭在树幕间，最后以"秘密花园"（Secret Garden）作为结束。岩洞（the Cavern）、晶石峰（Crystl Mountain）（图 3-15）、剧院（Theatre）和展馆（Gallery），这些隐藏在山体里。丰富的互动式科普展示空间，诉说着我们的生存环境所遭遇的空前挑战，等待人们体验。

　　"迷失的世界"位于山顶最高处，展示了海拔 2000m 左右的云雾森林植被（图 3-16）。这里不仅有奇特的食虫植物，还有精致的蕨类和苔藓"地毯"，同时还可以享受滨海湾的壮丽美景。在代表石灰岩森林和洞穴景观的"秘密花园"里，展示了以苦苣苔、秋海棠、兰花及蕨类植物为主的 7000 多株超过 135 种植物。

　　岩洞和晶石峰为半开放式空间，游客可以透过墙壁上的空洞看到外部的植物以及弥漫的潮湿雾气，飞跃的瀑布发出震耳的轰鸣声，水珠不时飞溅，营造了极为逼真的山地环境。整个山体内部动静结合，具有极为丰富的视觉、声觉、触觉和嗅觉效果，为游客提供了丰富的现场体验。[6] 在岩洞里，人们可以了解到世界各地云雾林的

图 3-16　迷失世界

位置、特征及独特的物种，奇特的附生植物让人们惊叹于植物生存的智慧。步入晶石峰，钟乳石和石笋有趣的形状，神秘的化石，吸引人们挖掘更多关于地质学和地球历史的知识，加深我们对赖以生存的星球的了解。科普片《+5℃》（+5 Degrees）在剧院内循环上映，向人们介绍温度每上升 5℃，我们的星球可能发生的变化，以警示人们气候变化可能带来的灾难，并通过影片《绿色世界》（Green World）探索每一个人参与到环境保护中，可以带来的积极变化。展馆内则以精美的图画、立体装饰、视频和文物，展示历史上发生的 5 次生物大灭绝，并让人们了解如何行动才能防止第六次大灭绝的到来。

3.3　可持续发展战略

　　滨海湾南花园受到世人关注，不仅是因为两座冷室和未来主义的"擎天大树"仿生造型，更重要的蕴藏在背后，基于可持续发展理念设计的能源系统。与花园共生的两座冷室，在能源、水、养分等各要素的循环方面交织成网密不可分。

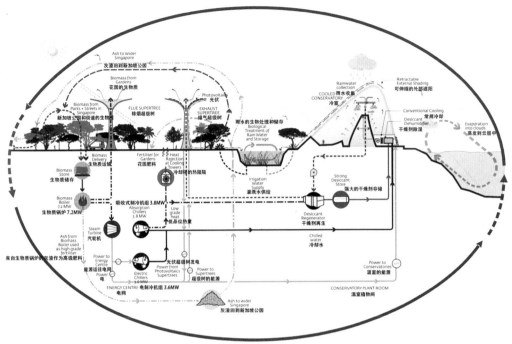

图 3-17　滨海湾南部生态系统（杨庆华 改绘）[5]

从低碳、可持续发展的角度考虑，滨海湾花园主要采用了以下措施：减负（减少能源需求）、增能（使用可再生能源）和减废（废料再利用）（图 3-17）。

3.3.1　减少能源需求

滨海湾花园两座冷室的双曲线几何造型并非首创，早在 2006 年，威尔金森艾尔建筑事务所（Wilkinson Eyre）便与阿特利尔（环境）工作十室（Atelier Ten）合作，建成了英国邱园的高山温室（Davies Alpine House），而花穹和云雾森林，则是他们在高山温室基础上的二次升华。[1]

1. 选择透过性双层玻璃

新加坡的阴雨天气非常频繁，导致了光照分布不均匀。在云层密集时，光照水平可能非常低；但当天空晴朗时，又会遭遇到强烈的阳光。因此，既需要高透光的玻璃来保障阴雨天的光照水平，也需要适当的措施来阻挡强光照射，结构和材料的选择就显得尤为重要。

高透光的玻璃会带来一个问题，太阳光过度加热带来高耗能。因此，需要一款特

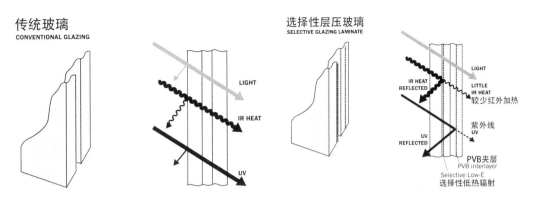

图3-18 传统玻璃与冷室新材料的区别[6]

殊的玻璃，既可以透过可见光，又能过滤掉不必要的红外线和紫外线，在达到园艺光照要求的同时，减少太阳光照的加温效应，提高人体舒适度。虽然单层玻璃和伊甸园选用的 ETFE 材料一样，具有自重轻的优势，但是常见的玻璃着色会降低玻璃整体的透光率，从而造成阴雨天缺光；使用选择性涂料的单层玻璃对热量的高传导性，会导致玻璃外侧温度常年低于外部空气温度，从而造成冷凝，尤其是阴天尤为严重（晴天会随蒸发而消失），这样会造成美观和功能性的障碍（图3-18）。

通过对全世界范围内玻璃性能的调查，设计方最终选定了一种具有选择性过滤功能的双层玻璃。这种玻璃可以过滤掉大多数红外光，通过 65% 的光照，却只发生 35% 的太阳热量传递。红外过滤层位于双层玻璃中外层玻璃的内表面上，涂层有效地反射太阳光中入射的红外光，减少不需要的热量。[6]

2. 智能化外部遮阳系统

通过研究发现，冷室内植物生长所需光照大约在 45000lx，而在新加坡的一年中大约 10%~15% 的时间内会超过该水平。[7] 为了避免过度的光照形成不必要的增热，温室的外表面安装了一套可伸缩的自动调节遮阳设备（图3-19）。据统计，遮阳装置部分使用时能减少冷却损耗达 40%，全部开启时达 70%。

不同于邱园高山温室对称的双曲线结构，花穹和云雾森林是非对称式的衍生品。花穹北立面增加了出挑，创造出向外（水面方向）倾斜的玻璃表面，其角度等于每年该方位太阳辐射峰值对应的太阳角度，因此这个立面完全处于阴影之中，避免了阳光直射，无须布置额外的遮光元件（图3-20）。

遮阳组件呈三角形，它们在不使用时完全隐藏在肋拱的下部，需要时则张开时如帆（图3-21）。每一块遮阳板都可单独变化控制，它们具有智能的自学习算法，可根据内部空间的几何形状、外部造型和头顶太阳路径调整遮阳板角度，以满足内部光照要求。如果有需要，那么遮阳系统也可以在一天中的特定时间内遮蔽建筑物内的走

图 3-19　花穹北立面（左）和遮光板开启鸟瞰图（右）[6]

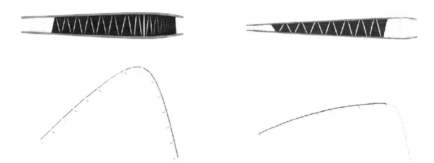

图 3-20　云雾森林（左）和花穹（右）的遮光板示意[1]
上：顶视图；下：剖面图，遮阳系统开启效果

图 3-21　遮阳系统开启效果（王昕彦 摄）

道，提供舒适的游园体验。遮阳系统还设计有紧急备用装置，在系统故障时可以弹性启动，以减少建筑物内的太阳照射带来的制冷负担。[6]

3. 热分层减少制冷需求

花穹的制冷主要包括冷却管道和置换通风两种机制，云雾森林则在此基础上，利用人工瀑布增加了直接蒸发式降温和增湿。

设计人员通过对温室进行热模拟，发现即使在采用低辐射玻璃和遮阳系统的情况下，植物冷室顶部的温度在炎热时仍可能高达40℃。因此要采用另一个制冷策略，即局部制冷。热空气上升，冷空气下降的原理，产生了空气的热分层（图3-22）。实际应用中，我们并不需要对高大空间的混合空气进行整体制冷，而仅需要为较低的区域提供制冷，因为这一区域才是植物和使用者所处的空间。

冷风在近地高度从种植床的侧边排出，地板夹层中安装了迂回的聚乙烯冷水管道，这些管道形成环路，由远程能源中心供给冷水，采用辐射制冷来抵消地面所吸收的来自太阳的热辐射，从而可以避免过热的地板干扰热力分层的过程（图3-23）。设置在其中的感应器能够全天候监测温度，当温度超出某一预设水平时，地板制冷系统就会开始运作。这两个制冷措施能够保持低处空间的清凉。[3]

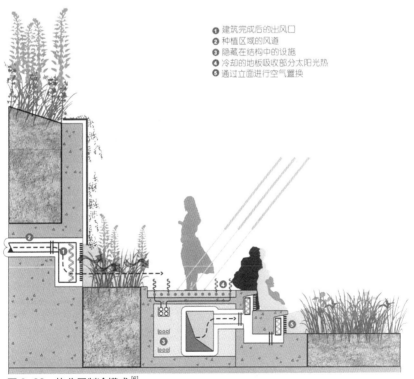

❶ 建筑完成后的出风口
❷ 种植区域的风道
❸ 隐藏在结构中的设施
❹ 冷却的地板吸收部分太阳光热
❺ 通过立面进行空气置换

图3-22 热分层制冷模式[6]

图 3-23　隐藏的地面制冷管道[6]

引入冷室的新鲜空气与低处供应的冷气混合后导致内部空间增压约 10%，热空气通过自由流动逐渐升高，汇集于上层空间。当空气的过热达到一定水平，热风就会通过结构顶部的可操控玻璃面板排放到大气中（图 3-24）。由于建筑物的高度和热层积，冷室顶部的空气通常比周围外部空气具有更高的焓（enthalpy），因此不

图 3-24　顶部的排气窗口[6]

会在顶部再次吸热。而顶部的暖空气也会有部分通过管道回收到地下室，用于液体干燥剂再生。[6][7]

3.3.2　可再生能源

在新加坡这样一个高温地区，营造凉爽的人工环境，无疑需要耗费大量的能源。通过合理的建筑空间和遮阳设备设计，以及特殊玻璃材料的选择，达到了"节流"的目的——减少能源需求，那么，怎样才能"开源"？可持续、可再生和低污染的能源成为首选，生物质能、太阳能和废热的利用，在这里获得了充分的发挥。

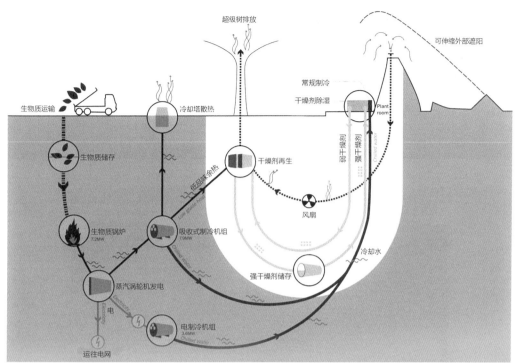

图 3-25 能源系统图示[6]

能源中心是整个项目的电力枢纽，为了避免设备运行对冷室的干扰，布置在了金色花园和擎天树林之间。热电联产（combined heat and power，CHP）机组以生物质能燃烧作为初级动力，通过电力和热能的输出，推动整套制冷系统的运作。吸收式制冷机产生的低品位余热和冷室回收的干燥热空气，又被用作干燥剂的再生，从而达到能源的高效利用（图 3-25）。

1. 生物质能

过去，新加坡公园管理局产生的园艺垃圾，往往直接进行填埋处理，而滨海南花园则将其转变为主动的能源供给。这样不仅减少了碳排放，还为花园提供了可再生的清洁能源。

若能源系统满负荷运行，每天需要 1250m³ 的生物质燃料。整个新加坡修剪和砍伐的树木，夜里都会从全岛运送到能源中心，经过压缩后处理成碎片。这些碎片在生物质锅炉中进行焚烧，产生蒸汽来推动涡轮机，从而产生用于整个花园的电力。

热电联产机组为传统的电动式制冷机提供电力的同时，为吸收式制冷机提供了高品位热能，两种制冷机源源不断地为花穹和云雾森林提供了循环冷却水。能源系统运作产生的余热也没有被浪费，被传送至湖畔银色花园树群底下的除湿系统，参与液体干燥剂再生。

2. 太阳能

举世闻名的"超级树"不仅在震撼的视觉效果上与两座冷室比肩，在能源组织上也与冷室密不可分。具有未来主义科幻色彩的"超级树"，模拟雨林中的巨树蓬勃向上生长，努力汲取阳光，通过"光合作用"积累营养和能量，传送到全身（花园）各处（图 3-26）。18 棵超级树分为 3 个组团，高度从 25m 到 50m 之间不等，其中 12 棵形成了花园中央的擎天树林（Supertree Grove），东侧的金色花园（Golden Garden）和西北湖畔的银色花园（Silver Garden）各分布 3 棵（图 3-27）。

图 3-26　擎天树林（王昕彦 摄）

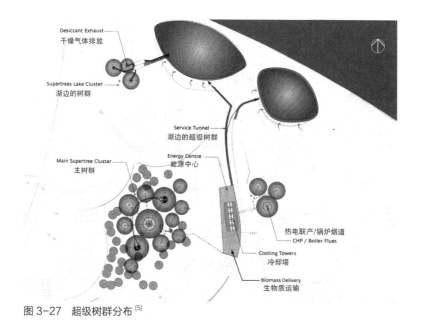

图 3-27　超级树群分布[5]

擎天树林和靠近主要入口的金色花园树群，离场地能源中心最近。擎天树林中央最大的一棵高达 50m，包含一个两层楼的酒吧和公共观景廊。能源中心的锅炉烟道，隐藏在金色花园（1棵）和擎天树林（2棵）中，烟囱排放位置很高，以确保燃烧产物不可见，并且废气更易飘散。能源中心锅炉房的烟气净化系统采用多种工艺，包括静电除尘器，以确保大气排放物无毒、无害。余下的超级树冠部装有光伏电池，用于收集太阳能进行夜间照明。[5]

银色花园超级树群靠近花穹，二者之间有一个除湿系统的辅助性管道，液体干燥剂在此进行再生，过程中产生的废气则通过三棵超级树排放。

3.3.3 循环再利用

1. 生物质锅炉灰烬再利用

生物质锅炉产生的副产品灰烬可分为两种：一种是细灰，富含硝酸盐等无机盐，同植物废料混合后，成为高质量的肥料；另一种是较大密度的颗粒，可以混入混凝土或骨料，用于建筑工业。[5]

2. 干燥剂循环和废热利用

通风一直是温室环境控制中至关重要的一环。新加坡的室外新鲜空气供给花穹，需要先降低湿度。两座冷室的空气处理单元位于冷室下方和后方的大型植物室，室外空气和再循环空气集中在这里进行除湿后，再通过种植床侧面出风口低速扩散（图 3-28）。

在常规冷却除湿的过程中，会造成空气的过度冷却，需要对干燥后的空气进行再加热，以达到所需的温度。而滨海湾花园冷室采用的干燥剂除湿系统，可以在除去新鲜空气中水分的同时，保持恒定的焓（热）。这个过程最初会增加气流的温度（蒸发制冷则相反），由此产生的干燥气流经过冷却塔后很容易降低显热，不消耗额外能源。液体干燥剂相比较常见的固体类型，拥有安装尺寸的优势和更简单的气流控制方法，因此氯化锂成为首选的干燥剂。当潮湿空气穿过高浓度的氯化锂溶液喷雾时，水分从空气中抽离，干燥剂溶液吸水稀释后体积增加。在这个过程中，液体干燥剂还同时还去除了空气流中的大部分微生物污染。[6]

干燥剂的吸湿能力是有限的，因此它吸附的湿气必须通过再生器被清除后才能循环利用。其过程是：环境空气被吸入后进行加热，加热后的空气通过干燥剂床，使干燥剂升温，从而释放出吸附的湿气，当热空气吸收水汽达到饱和后，就被排入大气带走水分。高温再生干燥剂返回干燥环路前经过冷却，再次恢复吸湿功能。

花穹顶部的干燥热空气（从 90% 减少到 30%RH）通过管道抽回，与被稀释的干燥剂溶液一同，被泵入位于湖畔银色花园超级树群下方的"再生器"单元（图 3-29）。

图3-28 新鲜空气通过隐藏在堤防种植中的通风井吸入（下方有集水井）[6]　　图3-29 花穹顶部的干燥热空气回收管道[6]

相比较外部环境空气，回收空气具有更高的热度和更低的湿度，易于吸收干燥剂中的水分，提高了再生系统的效率，这也算对入射穹顶的少量太阳能的间接利用。能源中心发电过程产生的低品位余热则被用来加温，"蒸发"掉除湿剂中积累的湿气，水汽最终通过银色花园树群的排放管道回到大气，再生后的高浓度溶液则返回至强干燥剂罐中储存，以便重复利用。[3][6][7]

3. 水循环

滨海南花园邻近蓄水库，需要进行雨水收集，并通过初步过滤去除掉花园运营过程中产生的高含量的氮、磷及悬浮物后，才能排入滨海蓄水库。但新加坡地处热带，多极端暴雨，因此需要通过足够容量的缓冲空间来保持、释放和处理收集的淡水。

滨海南花园的湖泊系统主要包含月亮湖、翠鸟湖、蜻蜓湖等，水面约 5hm²，长约 2km，环绕着花园的东、南、西三面。园内包括建筑物的屋顶均设置了排水管网，旨在收集园区的所有雨水。

湖泊安装了曝气系统，以维持含氧量，一方面保证视觉美观，另一方面最大限度地减少藻类繁殖。水生植物种植以水质的过滤净化为主要目标，逐级而下的过滤床，在径流进入湖泊前，帮助减少悬浮物（SS）85%、氮（N）45%、磷（P）65% 等。为进一步提升净化效果，湖中还引入了种植有水生植物的漂浮岛，实现水体和水生植物种植面的最大限度接触。除了雨水收集和水处理的功能，水体系统也为花园和冷室提供了灌溉用水。丰富的漂浮岛、过滤床、芦苇床、湿地等生境形式，为野生生物（特别是蜻蜓和鸟类）提供了城市中的庇护场所。

3.3.4 垂直森林

滨海湾花园的另一显著特色是垂直绿化的创造性展示，这显示了园艺种植的高超水平和创新。

云雾森林中心竹荪造型的多孔中空假山外立面披满植物，混凝土外壁中掺杂了一定比例的有机材料，从而形成多孔和粗糙的"活性面层"，为附生植物创造了湿润的生根空间（图3-30）。在植物的选择上，以可以脱离土壤生长的附生植物为主，植物依附着固定板生长，从空气和腐殖质中吸收营养。翠绿的墙面被松萝、石斛和苔藓地衣以及各种蕨类植物所覆盖，维持着假山外层丰富的视觉效果（图3-31）。[7]

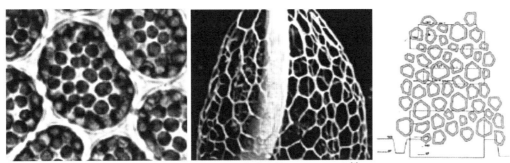

图3-30　云雾森林人造山体灵感源于细胞结构和竹荪（鬼笔，stinkhorn）[1]

图3-31　云雾森林人造山垂直绿化（王昕彦 摄）

3.4 启发

纵观历史，维多利亚时代邱园（Royal Botanic Gardens, Kew）的棕榈温室等花园装饰性建筑，与桥梁、烟囱、铁路构成了工业时代的城市特征。伊甸园（Eden Project）项目对废弃矿山的生态修复和开发再利用，则成了后工业时代的典范。而今，威尔金森艾尔建筑事务所对于滨海湾公园花穹和云雾森林两大冷室的设计，则体现了新时代拥抱自然、崇尚有机的大趋势。温（冷）室作为人工气候室，始终随着社会技术、材料、设备的进步而不断发展前行。

3.4.1 创新的建筑、结构与材料

新加坡滨海湾南花园两座冷室，沿袭了大跨度的无柱空间，这项建筑技术虽然不再成为温室设计的阻碍，但是结构尺寸与光照之间的平衡在未来仍然有一定的发展空间。与未来主义的超级树一样，有机仿生的建筑造型在这个号召生态文明建设的时代，仍将成为主流。如前文所提到的低辐射玻璃，随着材料科学的进步，或许在不远的将来，还会有更轻盈、更耐久且更具选择性的透光材料出现。

3.4.2 自学习的智能化环控系统

过去，温室的遮阳主要通过移动式的遮阳网或涂料等途径实现。而滨海湾花园冷室的遮光板系统，通过环境感应系统的反馈，进行计算后自行独立调整。随着科技的进步，无论是对于光照、温度还是湿度的调节，将会更加智能且具备自学习能力，不再仅仅依赖于人们的既往经验，而是具备按照运行过程中的经验来不断实时改进控制算法的能力。展现了可持续的生态战略的实质，充分体现了新加坡都市与自然相融、建筑与环境共生的发展方向。

3.4.3 高效可再生的能源体系

两座冷室基于整个滨海南花园建立起来的能源体系，为后续项目的跟进提供了指引。首先，应该尽可能通过一切手段降低能源的需求，从而减少消耗；其次，首选易获得、可再生的清洁能源，正如滨海湾公园利用了建设方新加坡国家公园局收集的园艺垃圾提供初级能源。对于多数的温室而言，园艺垃圾回收再利用都是具有可操作性、可复制的。

合理的规划布局，前卫的建筑设计，高效的能源网络，精准的环控系统，科学的植物配置和种植，这一切离不开建筑师、结构师、景观设计师、环境设备人员和园艺师等多学科、多专业人员的协同配合，在各学科的齐头并进下，温（冷）室也将不断创新发展，成为生态文明的重要展示窗口。

参考文献

[1] ARCHITECTS W E. Supernature: How Wilkinson Eyre Made a Hothouse Cool[M]. Novato #Ca: ORO Editions, 2013.

[2] 李泽，张天洁. 迈向"花园里的城市"——新加坡滨海花园设计理念探析 [J]. 中国园林，2012(10): 114–118.

[3] 李泽，张天洁. 热带·共生·永续 新加坡滨海南花园的技术策略 [J]. 风景园林，2014(1): 142–149.

[4] Gardens by the Bay[EB/OL]. [2018-03-26]. http://www.gardensbythebay.com.sg.

[5] BELLEW P, DAVEY M, BAKER P, et al. Green House: Green Engineering: Environmental Design at Gardens by the Bay, Singapore[M]. Novato, Ca.: ORO editions, 2012.

[6] 罗子荃. 论新加坡滨海南花园的室内生态可持续设计——以"云雾森林"Cloud Forest 园为例 [J]. 设计艺术研究，2013(4): 27–34.

[7] 林俊强，彭伟洲. 可持续发展之路——新加坡滨海湾花园 [J]. 动感（生态城市与绿色建筑），2012(3): 40–47.

第4章
韩国生态馆（2013年）

4.1 概况

韩国国立生态园（Ecoplex）位于忠清南道舒川郡，这是一个由政府发起的项目，旨在保护该地区的自然环境，并创建一个国家级生态中心，专门收集各种珍贵的生物物种，用于韩国的高级科研项目与展览（图 4-1）。该基地最初选址在一个工业园区，但由于其环境价值极高，韩国政府改变了计划，并为国立生态园及其各种设施的设计举办了设计竞赛，最后 Samoo Architects & Engineers 事务所胜出。[1] 国立生态园内设生态体验馆（Ecorium），带有宣传馆、瞭望台和影像馆的访客中心，能够体验朝鲜半岛固有生境，如朝鲜半岛森林、湿地生态园以及高山生态园等。该园有 1000 多种全世界濒临灭种植物（含各气候带植物 3 万多株）和 240 多种动物（4200 多只）。

其中最具特色的生态体验馆工程项目由 Samoo Architects & Engineers 与格雷姆肖建筑事务所（Grimshaw Architects）合作设计，其设计概念为"大自然的奇幻历险"，总面积达 33090m²，是一座专门用于展览的标志性建筑。生态体验馆项目的构思是从

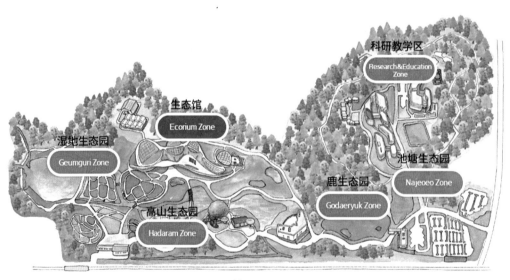

图 4-1 国立生态园各功能区示意（王一椒 改绘）[2]

"牛轭湖"的形状获得灵感，由一系列相互连接的穹顶组成，因此成为楔形的温室。生态体验馆由5个温室组成，复制了从热带到南北极的全球五大不同气候区域的生态系统，具体有热带馆、沙漠馆、地中海馆、温带馆和极地馆。考虑到体量庞大的温室的结构刚度，每间温室均由一个巨大的主拱支撑，为整体结构提供稳定性。除了提供支撑的主拱之外，还安装了水平带状桁架，确保横向稳定性以及整体结构的完整性。倾斜的垂直桁架连接主拱，支撑幕墙，并有抵抗风荷载的作用。生态体验馆利用内部不同的气候区强调物种多样性，而外部结构被有意识地设计为连续的系列，从而保持和反映自然界各气候区之间的关联性。

生态体验馆包含地上两层和地下1层。沿着有机的、曲折的道路，温室呈流线型排布，以避免相互遮蔽。当参观者沿着绿色的通道行走时，几分钟之内就能到达地球的不同角落（图4-2～图4-4）。[1]

图4-2　生态体验馆外部实景[6]

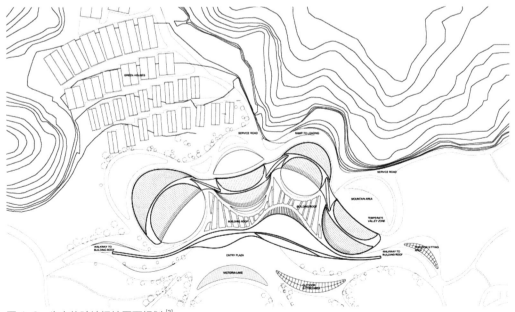

图4-3　生态体验馆场地平面规划[3]

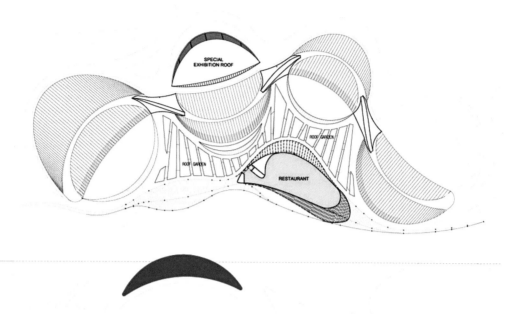

图 4-4　生态体验馆二层平面规划 [3]

　　游客进入生态体验馆，迎面是一间宏伟的大堂，在这里可以概览各气候区，并设有便捷的通道，可前往展厅、剧院、餐厅和礼品店等固定设施场所。展现在游客面前的第一个气候区是热带馆（Tropical Biome），这是规模最大的温室，其面积为3192m²，73m（长）×52m（宽）×35m（高），相对湿度维持在60%~90%，夏季最高温度控制在35℃，冬季最低温度控制在22℃，为在此生长的各种植物提供了充足的空间和适宜的温湿度环境，并呈现了一个能让游客观看、倾听、感受和触摸的真实环境。不同的植物、全景鱼缸与瀑布水景都经过精心的穿插布置，给游客带来了一场全方位的博物馆式体验，仿佛置身于热带雨林之中。热带馆浓缩展示了亚洲热带雨林，中南美洲和非洲的热带雨林，即全年均有降雨和常绿阔叶林的生态环境，其中亚洲雨林约占70%。为了使温室营造的环境更具真实感，在这里还安装了一座瞭望台，可俯瞰热带馆的整体景色（图4-5）。

　　热带馆旁边的第二个温室是沙漠馆（Desert Biome），面积为1381m²，59m（长）×30m（宽）×12m（高），馆内夏季最高温度控制在35℃左右，冬季8~16℃，相对湿度在10%~70%的范围内变换。这里营造了索诺拉沙漠、马达加斯加沙漠、纳米布沙漠、莫哈维沙漠以及阿塔卡马沙漠等热带和亚热带严酷的沙漠环境，馆内展示了这些生境中的植物和动物（图4-6），它们通过长期的自然选择和进化，适应了这样的环境，其中大多数植物都属于濒危物种，在国际社会严禁交易。如果全球变暖持续下去的话，这里也许就是未来的一个缩影。

图 4-5　热带馆游览路线规划 [2]

图 4-6　沙漠馆游览路线规划 [2]

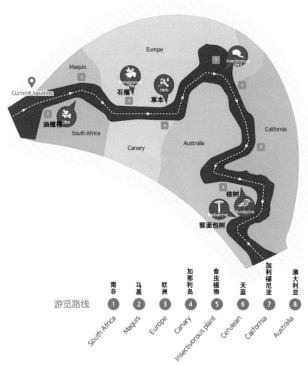

游览路线

南非	马基	欧洲	加那利岛	食虫植物	天蓝	加利福尼亚	澳大利亚
1	2	3	4	5	6	7	8
South Africa	Maquis	Europe	Canary	Insectivorous plant	Cerulean	California	Australia

图 4-7　地中海馆游览路线规划 [2]

第三个温室为地中海馆（Mediterranean Biome），这里展现了地中海气候区的景观，放眼望去，尽是绿意，与前者形成了截然不同的体验。地中海馆面积为 1241m²，52m（长）×30m（宽）×15m（高），夏季最高温 35℃，冬季最低温 10℃，相对湿度则保持在 50%~60%。这里展示了纬度 30°~40° 之间的南非、地中海沿岸、加那利、美国加利福尼亚以及澳大利亚西南部等地中海气候区的典型植被和各种动物（图 4-7）。

第四个温室是温带气候区。温带馆（Temperate Biome）面积 1671m²，62m（长）×33m（宽）×12m（高），夏季保持正常室温，冬季温度不低于 0℃，相对湿度保持在 50%~60%。馆内展示了朝鲜半岛的温带森林与济州岛植被。由于与当地气候相吻合，温带馆内各种各样的展览体验还能与室外区域相连。毗邻温带馆的室外有微型山脉，山谷间水流潺潺，再现了朝鲜半岛的山地河谷地区，这里还展示有栖息在温带气候区的水獭、黑鹰等动物（图 4-8）。

最后一个是极地馆（Polar Biome），面积为 1316m²，17.8m（长）×74m（宽）×7.5m（高），馆内年平均温度保持在 10℃或以下。极地馆再现了朝鲜半岛上最冷的盖马高原、西伯利亚北部的针叶林和苔原地区、"通往北极的桥头"斯瓦尔巴德岛，以及南极的世宗王站（韩国在南极建立的第一座科考站）和乔治王岛等。这里展示了极地生态环境，让游客体验从温带到极地气候的变化，并为全球变暖加快及其对极地造成的破坏性影响提供了一个直观的教育环境（图 4-9）。

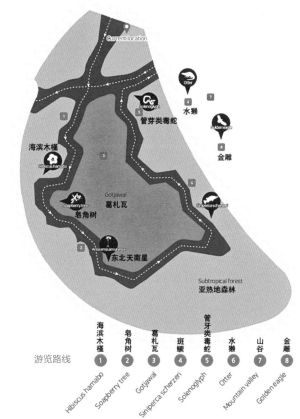

图 4-8　温带馆游览路线规划 [2]

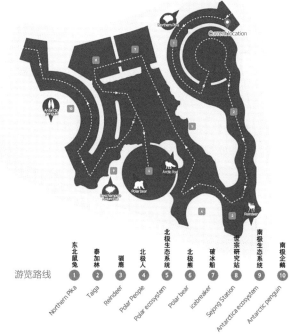

图 4-9　极地馆游览路线规划 [2]

4.2 特色

生态体验馆通过在温室内展示 5 个不同的气候带，反映了地球的生态系统概况。其整体设计包含 3 个关键的概念：首先是"源于自然"（From the nature），即通过自然界的有机线条表现其旺盛活力，是国立生态园的代表性建筑；其次是"回归自然"（Be the nature），生态体验馆通过最新科技再现了地球的生态环境；再就是"融于自然"（With the nature），这是一个复杂的生态实验空间，诱导人们沉浸在自然中并与之交流。[4]

4.2.1 生物多样性

生态体验馆展示了各种气候带的代表植物 1900 多种，动物 230 多种。其中，热带馆集中展示了 700 多种热带植物（约 3000 株），20 多种两栖动物和爬行动物（约 100 只），以及原生境为热带河流和海洋的 160 多种鱼类（约 2000 条）。这里有原产于热带或亚热带地区的橡胶树（*Hevea brasiliensi*）、炮弹树（*Couroupita guianensis*）和香蕉（*Musa nana*），体形庞大而性格温和的亚达伯拉象龟（*Aldabrachelys gigantea*）、非洲最大的鳄鱼尼罗鳄（*Crocodylus niloticus*）；以及具备高超放电本领的电鳗（*Electrophorus electricus*）、能喷射水柱射捕昆虫的射水鱼（*Taxotes jaculator*）、利用其胸鳍和尾鳍可在海滩上爬行和跳跃的弹涂鱼（*Periophthalmus modestus*）等，极具观赏性和趣味性（图 4-10、图 4-11）。

沙漠馆内则展示有 400 种植物（约 2000 株），7 种两栖动物（约 30 只），以及 2 种哺乳动物（约 10 只），包括原产于非洲或北美洲，具有较强抗旱能力的芦荟（*Aloe* sp.）、丝兰（*Yucca* sp.）和生石花（*Lithops* sp.）；栖息在干旱半干旱环境的西部菱斑响尾蛇（*Crotalus atrox*），生活于北美洲荒漠或灌木林区、被列入 CITES II 目录的毒蜥（*Heloderma suspectum*），长有一对突出的大耳朵、肾和皮毛的功能都适应了高温干燥环境的耳廓狐（*Vulpes zerda*），善于挖掘洞穴的黑尾土拨鼠（*Cynomys ludovicianus*）（图 4-12、图 4-13）。

地中海馆内展示了 400 种植物（约 2000 株）和 7 种两栖动物（约 30 只）。有原产欧洲南部地中海沿岸地区的油橄榄（*Olea europaea*），分布于澳大利亚等地的常绿植物桉树（*Eucalyptus robusta*），喜温暖向阳环境的石榴树（*Punica granatum*），能捕获并消化昆虫等节肢动物从而获取营养的各种食虫植物（例如叉叶茅膏菜 *Drosera binata*，鹦鹉瓶子草 *Sarracenia psittacina*），具有独特香味的各种香草，以及在小说《小王子》中出现的猴面包树（*Adansonia digitata*）（图 4-14）。

图 4-10　热带馆内植物景观

图 4-11　热带馆内动物景观

图 4-11（续） 热带馆内动物景观

图 4-12 沙漠馆内植物景观

图 4-13　沙漠馆内动物景观

图 4-14　地中海馆内植物景观[2]

图4-15　温带馆内植物景观[2]

　　温带馆集中展示了200种植物（约13000株），9种两栖动物和爬行动物（约20只），以及40种鱼类（约500尾），均为亚洲有分布的种类，例如，植物有齿叶东北南星（*Arisaema amurense* var. *serratum*）、无患子（*Sapindus mukorossi*）、海滨木槿（*Hibiscus hamabo*），动物有斑鳜（*Siniperca scherzeri*）、管牙类毒蛇（*Crotalus adamanteus*）和水獭（*Lutra lutra*）等（图4-15、图4-16）。

　　极地馆内展示了20种植物（约30株），包括云杉、冷杉和落叶松等北方针叶林主要树种，以及一种罕见的南极禾本科植物——南极发草（*Deschampsia antarctica*）。馆里居住着第一次被引进韩国的两种企鹅——巴布亚企鹅（*Pygoscelis papua*）和帽带企鹅（*Pygoscelis antarctica*），它们可谓是南极的象征，还展示有生长在北极或靠近北极地区的东北鼠兔（*Ochotona hyperborea*）、驯鹿（*Rangifer tarandus*）、北极狐（*Alopex lagopus*）和北极熊（*Ursus maritimus*）（图4-17）。

图 4-16　温带馆内动物景观[2]

图 4-17　极地馆内景观[2]

4.2.2 应用节能环保技术

生态体验馆工程与著名的英国康沃尔郡伊甸园工程有几分相似，但韩国的生态体验馆更具环保先进性，是目前世界上最为先进环保的生态系统工程之一，其在物理形态和设计特征上别具匠心，并且在运行中是高效绿色的典范。在概念设计阶段，阿特利尔（环境）工作十室指导工程的外壳设计、节能系统设计、日光优化与水回收策略。该设计包括对日光最大利用率及具备高度绝缘性的温室外壳，由地埋管、地源热泵、置换通风和自然通风等构成的调节策略，从而大幅度地降低能耗。同时，为了进一步降低碳排放，采用可再生发电提供电力。在前期设计时，就设想通过使用有效的固定装置，收集、过滤和储存雨水，以及储存和再利用废水来大幅减少饮用水的使用。[5] 为创造理想的气候环境，各间温室的排布及取向都经过模拟试验。同时，也对气流进行了模拟优化，一年四季都保持自然通风效果。各个气候区的倾斜幕墙将收集雨水，用于制冷与浇灌植物。[1] 外部采用金属板和含铁较低的双层玻璃、木材和树脂玻璃建造，钢拱结构勾画了每个生物群落温室的外部脊线，其支撑一个轻型玻璃系统，以最大限度地提高内部自然光照水平，这样既满足了植物的生长需求，又排除了对补充电光源的需求。[6] 内部构造也结合了当今先进科技，主要结合相关光学理论，根据太阳位置进行设计，以达到更大的自然清洁能源利用率，使能源耗用量降到最少，并且实现与外部结构的相互协调。经过多方努力，整体设施能够减少大约10%的能源消耗总量。[6] 最终，生态体验馆落成后，向公众完美呈现了其生态保护和教育的理念（图4-18）。

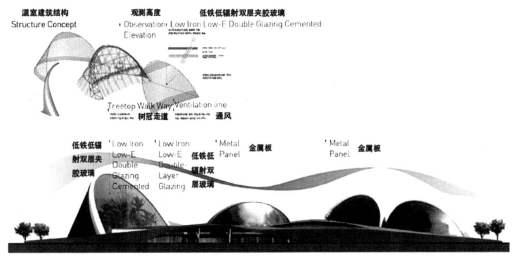

图4-18　生态体验馆各温室的结构、排布和风向模拟[7]

4.2.3 重视生态教育、研究和宣传

生态体验馆工程主要通过展览进行生态宣传和教育，增加公众与自然接触的机会；用于政策研究和制定；为自然学者和科学家提供良好的研究条件。生态体验馆展示了一系列大型人工生物群落，在这里，游客可以更好地了解生物多样性保护和恢复的内容、目的和意义。韩国国家生态学院（NIE）鼓励探索生态修复中的关键未知因素，例如土壤生物及其需要的条件，如何以及为什么可以优化温带草原和湿地的多样性和生态系统服务，多龄森林如何提供野生动植物栖息地和其他生态系统服务，动植物如何在不断变化的环境中建立和维持，以及生态系统如何应对频率、强度不同的极端事件。在这样全新的参照点将需要进行长期的生态学研究，以研究和评估各种生物地球化学过程。[8]据 Samoo 事务所发言人表示："韩国国家生态学院将对包括自然、人类和气候的生态系统进行综合研究，以保证相互竞争的个体能安全、和谐共处，并实现可持续发展。"[9]另外，国立生态园的首任园长也曾表示："没有研究基础的展览和教育无异于纸上谈兵，充其量只是宣传教育的窗口。所以在我担任名誉园长的 3 年时间里，会把大部分精力都集中在充实研究生态学的基础上。""需要有扎实的研究做基础，这样才能使生态园长期执行体系性的展示和教育功能。"

4.3 启发

韩国国立生态园生态体验馆项目和英国伊甸园项目均由格雷姆肖建筑事务所参与设计，同为展示不同植物及其生境的大型展览温室，同样注重生态环境保护的教育和宣传，其中生态体验馆在动植物结合的生物多样性展示、应用环保技术的先进性等方面取得了更大的突破和创新。分析此变化趋势，对未来展览温室的整体设计和规划都具有十分重要的启示作用。

国立生态园的生态体验馆在成为生态学教育和研究中心的愿景基础上，在让参观者有机会体验世界各地的不同生态环境、了解保护生态环境的重要性方面发挥着重要作用。生态体验馆通过重建动植物原始栖息地，保护各种濒危野生动植物。温室内有热带、沙漠、地中海、温带、极地等世界五大气候带的各种生态位植物，以及两栖类、爬行类、哺乳类和鱼类等多种动物，是一处体验和观赏自然生态系统的绝佳场馆。通过将生态系统原貌再现，让人们加深了对气候与生物关系的理解，并且植物与动物相结合的创新展示形式，增添了温室整体的生物多样性和趣味性，深受广大游客的喜爱，尤其是青少年群体。在生物多样性展示的基础上，生态体验馆的各温室内还

展示有与自然、历史、文化等相结合的各种配套设施设备，例如极地馆内展示的破冰船、世宗王站模型，以及极地生境影像播放，从而带给游客丰富奇妙的参观体验。

随着社会的发展和进步，人民对美好生活的需求日益增长，当然，对展览温室的功能也有了更多的期许。未来的展览温室，不仅仅是植物的展示，更应拓展到主题展览、博物馆式的展览，以满足人们对知识和文化的需求。因此，未来展览温室既要展示形色各异、相对静止的植物类群，又要融入动态活泼、与人交流的动物类群，在丰富物种多样性的同时，也充实了游客的观赏体验；既要以实景、文字、图片形式展现自然界植物、动物及其生境的多样性，又要结合模型和影像等形式带给人们视觉和其他感官美的享受；既要宣传生态环境保护的重要意义，又要运用和展示现代领先的园艺、设计和节能环保技术，以成为生态和可持续发展的建筑典范。总之，未来展览温室将以动物、植物及其生境展示为核心，融合观光体验、文化交流、科普教育与前沿科技示范等功能。

参考文献

[1] Ecorium of the National Ecological Institute / Samoo Architects & Engineers + Grimshaw Architects [EB/OL]. https://www.archdaily.com/423255/ecorium-of-the-national-ecological-institute-nbbj-in-collaboration-with-samoo-architects-and-engineers-grimshaw-architects, 2018-3-30.

[2] National Institute of Ecology [EB/OL]. http://www.nie.re.kr/contents/siteMain.do?mu_lang=ENG, 2018-3-30.

[3] Ecorium-Projects-Grimshaw Architects [EB/OL]. https://grimshaw.global/projects/ecorium, 2018-7-13.

[4] Ecorium of the National Ecological Institute, Korea by Samoo [EB/OL]. https://www.designrulz.com/architecture/2010/07/ecorium-of-the-national-ecological-institute-seocheon-gun-korea-by-samoo/,2018-7-13.

[5] Ecorium at the National Ecology Center - Atelier Ten [EB/OL]. https://www.atelierten.com/projects/ecorium-at-the-national-ecology-center/,2018-7-13.

[6] Ecorium of the National Ecological Institute-E-architect. [EB/OL]. https://www.e-architect.co.uk/korea/ecorium-national-ecological-institute,2018-7-13.

[7] Sohn, Myung-gi, Kim,et al. The Ecorium Project of The National Ecological Institute. 월간 CONCEPT, (129), 2009, 12: 152-155.

[8] Vicky M. Temperton, Eric Higgs, Young D. Choi, et al. Flexible and Adaptable Restoration: An Example from South Korea. Society for Ecological Restoration, 2014, 22:271-278.

[9] Ecorium 国家生态工程（Ecorium）[EB/OL]. http://www.chinabuildingcentre.com/show-6-2550-1.html, 2019-5-17.

第5章

亚马逊星球（2018年）

5.1　背景与定位

随着建设温室的主体变化，传统所认为由植物园建设的展览温室已经逐步转为企业或公司建设主体。有研究发现在大自然中，人类的创造力更容易被激发；良好的工作环境，有助于保障员工健康，提高生产效率。因此，这需要办公环境的绿色化和自然化。如微软的树屋由动物星球的"树屋大师"皮特·纳尔逊（Peter Nelson）设计建造，用于会议和工作讨论，其官网的口号就是"我们就在自然里面"；苹果公司在加利福尼亚建造了"飞船"园区，具有世界上最大的曲面玻璃面板，种植了超过9000棵的树木，以模糊自然与工作区之间的界限。科技巨头们试图通过建筑来表达自己的想法，树立自己的形象标志，一个由知名建筑师设计的绿色友好型建筑似乎成为新的标配。[1]

亚马逊公司豪掷40亿美元进行西雅图市区总部园区的建设，包括亚马逊星球（Sphere）——一组可以在热带雨林中办公的热带温室（图5-1）。在亚马逊的高管看

图5-1　亚马逊星球俯瞰图 [2]

来，这座整整耗时 7 年建造而成的新地标建筑，体现了公司开拓创新的精神，对可持续发展的重视，承担社会责任的决心。

5.2 结构与环控

亚马逊星球由三个相交的球形穹顶组成，高度为 24～29m（图 5-2～图 5-4）。球体的几何结构被称为"卡塔兰多面体"（Catalan solid），五角六面体在整个球体中重复，每个球体有 60 个面，总共 180 个（图 5-5）。为了创造一个恒温的室内环境，在每个球形的结构上，再加上钢结构，还有组成穹顶的 2643 块玻璃，均具有特殊的涂层，可以让植物光合作用需要的光照通过，并将多余的热量反射回空气中。穹顶在白天保持在 22℃和 60% 湿度，夜间则维持在 13℃和 85% 湿度。[5] 温室内的许多植物来自中美洲或东南亚的云雾森林生态系统，生长在 900～3000m 的海拔高度，因此，它们已经适应了凉爽的气候，这也正是亚马逊公司试图为员工提供的：一个温度适宜、着装轻便舒适的温润环境。[6]

在光照方面，由于西雅图雨季时间长，光线严重不足。对此，设计者在穹顶的顶部环形安装了数十个大灯用以补光（图 5-6）。传感器可以自动调节内部的光照水平，完全可以达到每日 12h 自然光照的水平。

图 5-2　亚马逊星球正立面 [3]

图 5-3 夜景效果图[4]

图 5-4 鸟瞰效果图[4]

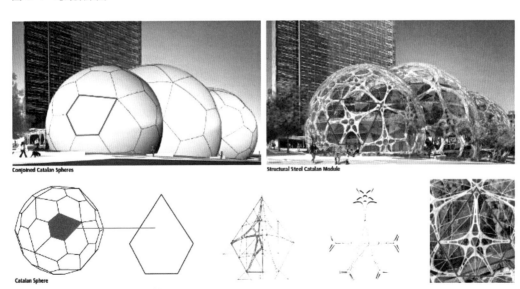

图 5-5 亚马逊卡塔兰多面体结构

图 5-6　温室顶部的大灯 [1]

　　在能源方面，主要依靠再生能源的地下"生态区"，不再采用典型的锅炉系统。通过区域能源地下管道网络，在建筑物之间的利用水或蒸汽加热和冷却。波士顿、哥本哈根、东京和巴黎等全球各地的城市都依赖这样的系统，常常与传统发电厂相连接。大楼将原本从屋顶冷却塔向大气排放的热量，输送到亚马逊多普勒塔的能源中心。在 18℃时，管道水温不足以使办公室变暖，因此它通过 5 个热回收冷水机组将热量集中到较小体积的水中，将温度升高到约 54℃。如果需要，一个 151 万 L 的水箱可为威斯汀提供低品位蓄热和应急供水。[8] 热量通过温室内的混凝土地板和楼梯扶手内的管道传递（图 5-7）。[9]

图 5-7　地板内隐藏的管道 [7]

5.3 特色

5.3.1 独特的办公环境

亚马逊星球是一座造型现代、结构独特的温室。建筑师完成球形的建筑，植物学家种植来自世界各地的植物，从而在西雅图的市中心搭建起了一个足以让所有人都惊叹的办公楼。三个球体中，中间的体量最大，高27m，直径40m，是主要的活动场所，开放的会议空间。而这些活动和会议空间就像是自然环境中依着山势建造的，一个又一个平台穿插其中，然后用一个个高低错落的楼梯连接起来。坐在隐蔽处的躺椅上望向"星球"的钢结构，宛若在准备发射的太空舱中，充满了科技感。办公环境周围有小溪和流水，还原了自然环境中的生态环境（图5-8、图5-9）。

图 5-8　亚马逊的室内环境[10]

图 5-9　亚马逊的办公空间[11]

5.3.2 丰富的植物种类

  3 个球体中，中间球体是主要的办公环境，西部和东部的球体分别为旧世界花园（Old World garden）和新世界花园（New World garden）（图 5-10）。"旧世界花园"植物主要来自非洲和东南亚，2017 年 5 月第一棵植物——一株澳大利亚树蕨作为温室内的首位居民在此安家。"新世界花园"主要展示中美洲和南美洲的花，如"巴西葡萄"——嘉宝果（Plinia cauliflora）。其中最大的是一株绰号"Rubi"的榕树，高达 17m，于 2017 年 6 月被起重机吊入球体（图 5-11、图 5-12）。[9]

  为了使植物达到最佳的状态，亚马逊雇用了多名全职园艺师，在伍丁维尔（Woodinville）的一个 3700m² 的温室里收集、培育植物供"星球"使用（图 5-13）。2016 年，华盛顿大学生命科学大楼翻新期间，亚马逊还为华盛顿大学的温室植物提供了临时庇护所。[14]

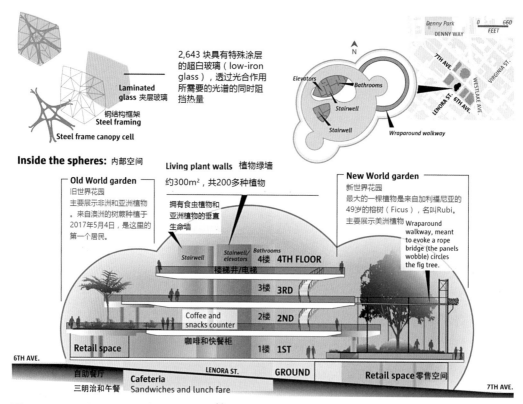

图 5-10 亚马逊星球立剖图（王昕彦 改绘）[9]

图 5-11　四层楼高的"Rubi"（孙一飞 摄）

图 5-12　室内其他植物[10]

图 5-13　伍丁维尔温室[12]
Justin Schroeder（左，亚马逊星球项目经理）和 Ron Gagliardo（右，亚马逊星球园艺服务经理）在伍丁维尔的亚马逊温室看秋海棠，温室目前收集 2500 种超过 25000 株植物 (Greg Gilbert/The Seattle Times)。

5.3.3 硬质景观的自然化

任何温室都会有一套环控系统，通风管柱将外界新鲜的空气吸入室内，室内气体进行从上到下的循环，但这些管道都是硬质结构，不加处理其观赏性就会大打折扣（图5-14）。亚马逊星球在机械管道完工后，用定制的玻璃纤维对其装饰，伪装成树桩，隐藏在苔藓、地衣和其他植物当中。还有中央球体，包含自助餐厅、楼梯、电梯和洗手间，还有一个高达18m的楼梯井，设计师用"植物活体墙"覆盖，共370m²，种植200多种25000株植物（图5-15、图5-16）。

图5-14 通风系统[13]

图5-16 选用的蕨类植物[10]

图5-15 植物墙[11]

5.4 启发

亚马逊星球作为亚马逊公司的可持续发展的重要组成部分，不仅创造了一个独特的聚会场所，打造了一个新型的办公场所，给员工提供了一个共同合作和创新的创意空间，将自然之美带入西雅图城市的核心，还帮助保存来自世界各地的一些珍稀植物物种，并为当地学生提供教育机会，进一步体现了企业的社会责任感。

　　建筑是人类日常活动的庇护所，在古典园林中，高墙之内围合着精美的自然式园林，飞檐、连廊营造了介于室内和户外之间的"灰色空间"，丝毫不耽误居者在斜风细雨中感受自然之美，体现了古人在"广厦"之下不忘对自然的追求。到了现代，玻璃幕墙的应用开始大范围传播，它进一步模糊了室内外的界限，室内植物的流行，屋顶花园、垂直绿墙技术的快速发展更是体现了人类对于建筑绿色空间的需求。亚马逊星球以一种创新的方式，将公共建筑与传统温室相结合，成为新一代绿色公共建筑的先行者。

　　欧洲早期的温室称"橘园"，用于容纳柑橘类植物越冬，后期建筑技术的发展逐渐淘汰了这一类原始的温室，它们被改为餐厅、咖啡厅等，备受欢迎。亚马逊星球的出现，进一步说明，那些让植物感觉舒适的空间，同样让人类觉得舒适。过去，园林建筑的存在是为了人们在自然中有个遮风避雨处，而今，亚马逊星球令人与自然和谐共处于一个屋檐之下，满足了人们在室内就能欣赏到自然美景的需求，让人在室内就能享受到生态福利，这指明了公共建筑未来发展的新方向。

参考文献

[1] Amazon's Spheres: Lush nature paradise to adorn $4 billion urban campus[EB/OL]. 2017-01-03. [2018-05-04].

https://www.seattletimes.com/business/amazon/amazons-spheres-are-centerpiece-of-4-billion-effort-to-transform-seattles-urban-core/.

[2] See from the Sky-Sphere[EB/OL]. [2018-04-14].

http://www.kjellredal.com/portfolio/.

[3] Spheres Workspace Opens at Amazon's Urban Seattle HQ[J]. Connect Media, 2018.

https://www.connect.media/spheres-workspace-opens-amazons-urban-seattle-hq/.

[4] seattle approves amazon's biosphere headquarters by NBBJ[EB/OL]. [2018-05-05]. https://www.designboom.com/architecture/seattle-approves-amazons-biosphere-headquarters-by-nbbj-10-25-2013/.

[5] Seattle Spheres[EB/OL]. [2018-04-14]. https://www.seattlespheres.com/.

[6] The Spheres Blossom at Amazon's Urban HQ in Seattle[EB/OL]. 2018-01-29[2018-05-04]. https://www.businesswire.com/news/home/20180129006196/en/Spheres-Blossom-Amazon%E2%80%99s-Urban-HQ-Seattle.

[7] WANG L. Amazon's biospheres spring to life with first planting in Seattle[EB/OL].

[8] The super-efficient heat source hidden below Amazon's Seattle headquarters[EB/OL]. 2017-11-16. [2018-05-05]. https://blog.aboutamazon.com/sustainability/the-super-efficient-heat-source-hidden-below-amazons-new-headquarters.

[9] Take a look inside Amazon's Spheres as they get set to open | The Seattle Times[EB/OL]. [2018-05-04]. https://www.seattletimes.com/business/amazon/take-a-look-inside-amazons-spheres-as-they-get-set-for-next-weeks-opening/.

[10] https://www.pingwest.com/a/153642.

[11] http://www.sohu.com/a/221108678_691103.

[12] Ángel González. Amazon's Spheres: Lush nature paradise to adorn $4 billion urban campus. Seattle Times business reporter. 2017. https://www.seattletimes.com/business/amazon/amazons-spheres-are-centerpiece-of-4-billion-effort-to-transform-seattles-urban-core/.

[13] Kurt Schlosser. Inside Amazon's Spheres: Official Instagram account launches to chronicle plant life and views. 2017. https://www.geekwire.com/2017/inside-amazons-spheres-official-instagram-account-launches-chronicle-plant-life-views/.

[14] Amazon Spheres[EB/OL]. 2018. https://en.wikipedia.org/wiki/Amazon_spheres.

第6章

新加坡星耀樟宜（2019年）

　　新加坡素有"花园城市"的美誉，就连这里的机场也不例外，连续七年蝉联Skytrax"全球最佳机场"大奖的新加坡樟宜机场，内设有世界上首家机场蝴蝶生态园、兰花园、梦幻花园、仙人掌花园、向日葵花园等7座花园，让旅客在繁忙的旅程中，也能与自然亲密接触，享受难得的宁静和休憩。如今，这座已荣获诸多奖项的机场，再为新加坡添加一个多功能的生活风尚新地标——星耀樟宜（Jewel Changi Airport），其于2019年4月正式对公众开放。星耀樟宜坐落于新加坡樟宜机场的核心位置，在其引人注目的玻璃和钢制圆顶下，奇迹般地将自然与工程进行融合，形成了新加坡最大的室内花园。星耀樟宜的总占地面积为13.7万 m^2，总楼层10层——地上5层、地下5层，独创性地将花园景观、购物休闲、住宿餐饮、游乐设施和航空设施等汇聚一体，带来无限的感官体验和惊喜创意（图6-1）。[5]

图6-1　星耀樟宜正立面[1]

6.1 背景与概况

樟宜机场原先计划为对第一航站楼的运营空间和露天停车场进行扩建，但之后考虑到与其进行简单的扩建，不如更好地利用空间，打造一个多功能的综合体，星耀樟宜的蓝图因此成形。耗资17亿新币打造的星耀樟宜成了樟宜机场的又一亮点，其与樟宜机场的1号、2号和3号航站楼无缝衔接，旅客们可步行或乘坐高架轻轨列车轻松往返于各航站楼之间。樟宜机场希望通过星耀樟宜的诞生，能进一步巩固它作为国际领先航空枢纽的地位，并借此增强新加坡作为理想转机与旅行目的地的魅力。

新加坡致力于打造"花园城市"，在钢筋混凝土丛林中努力开发更多蔓延其中的绿植。星耀樟宜以此为设计灵感，由国际知名建筑师萨夫迪（Moshe Safdie）所带领的萨夫迪建筑事务所（Safdie Architects），以及来自雅思迈（RSP）和贝诺建筑事务所（Benoy）的建筑师们共同设计，巧妙地将室内花园与世界一流的购物体验与休闲设施融为一体：将令人叹为观止的两大景观——森林谷（Forest Valley）和雨漩涡（Rain Vortex）置于中心位置，各式特色零售和餐饮店铺遍布四周，让访客可以在怡人的花园景致中尽享多维度的购物休闲体验（图6-2）。

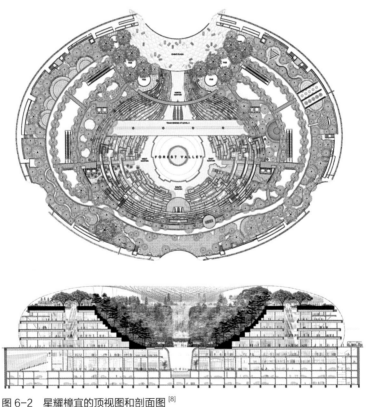

图 6-2　星耀樟宜的顶视图和剖面图 [8]

6.2 星耀樟宜介绍

星耀樟宜以圆环形玻璃屋顶和充满现代感的钢材外观设计为亮点，建筑总面积为
13.4 万 m^2，其最宽处超过 200m，拱形玻璃屋顶由一系列树状结构柱支撑。该建筑的
几何弯曲形状，便于花园中心与周围航站楼的连接，也为玻璃和钢制穹顶立面提供了
固有的结构强度，使建筑框架在传统玻璃温室中变得精致，同时也增强了室内花园
的沉浸式体验（图 6-3）。星空花园（Canopy Park）、森林谷（Forest Valley）、雨漩涡
（Rain Vortex）等，星耀樟宜的这些特色景点，将为访客提供一站式的便捷服务设施，
包括机场运营、室内花园、娱乐休闲、零售餐饮和酒店等。在这里，令人惊叹的绿色
景观让访客在完全的室内环境下感受到自然的气息，同时感受与传统零售不一样的购
物体验（图 6-4）。

6.2.1 星空花园

星空花园（Canopy Park）位于星耀樟宜的顶端，总面积为 1.4 万 m^2，其中包含天
空步行网（Walking Net）、弹跳网（Bouncing Net）、树篱迷宫（Hedge Maze）、镜子迷

图 6-3　星耀樟宜俯视图[8]

图6-4　星耀樟宜内部景观图[11]

宫（Mirror Maze）、奇幻滑梯（Discovery Slides）、天悬桥（Canopy Bridge）、迷雾碗（Foggy Bowls）等标志性的特色游乐设施，以及郁郁葱葱的花园、舒适宜人的行走步道与丰富多样的餐厅，为到访星耀樟宜的访客，带来世界一流的多元化休闲娱乐新体验，无论是孩子还是童心未泯的成人，都能在这里玩到尽兴而归。

天空步行网是一条50m长的步行网道，悬挂在25m的高空中，给人们带来跃然空中的非凡体验，还可以在高空将森林谷的美景尽收眼底（图6-5）。弹跳网长250m，能让访客一路腾空弹跳，享受离地飞跃的刺激，并感受触及天空的兴奋（图6-6）。

图6-5　天空步行网[1]

图6-6　弹跳网（虞金龙 摄）

树篱迷宫（图6-7）以及镜子迷宫（图6-8），这两个风格迥异的迷宫则供访客尽情玩乐。其中树篱迷宫内设有一个瞭望台，能鸟瞰迷宫全景并引导迷路的伙伴，而世界首个设立在公园内的镜子主题迷宫，则让人在刺激紧张的同时又跃跃欲试。

奇幻滑梯由四合一的滑道组成：两条管型滑梯和两条斜面滑梯。4个不同高度的各式滑梯为访客带来截然不同的景色与无穷乐趣。滑梯的底部结构是镜像装置艺术，捕捉游客的神奇反应。奇幻滑梯的顶端同时也是一个观景台，访客可以选择在平台上驻足停留，俯瞰清凉苍翠的森林谷美景以及雨漩涡（图6-9）。

天悬桥长50m，是园内观赏40m高的雨漩涡最佳的位置。它悬浮于23m的高空中，在其中心位置镶嵌玻璃地面，通过透明地面往下望去，将是十分刺激的体验（图6-10）。

迷雾碗是一块专门为孩子们设置的碗状活动区，孩子们可以在里面玩捉迷藏，朦朦胧胧之间，仿佛在云层中嬉戏（图6-11）。

图6-7　树篱迷宫[7]

图6-8　镜子迷宫[1]

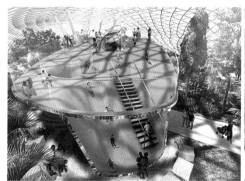

图6-9　奇幻滑梯[1][11]

图 6-10 天悬桥[3]

图 6-11 迷雾碗[11]

    绿雕植物走道（Topiary Walk）与花卉园（Petal Garden），这里种植了许多动物形状的灌木绿植，或是由花朵组成的动物造型，像是孔雀、大象、鹦鹉，以及新加坡动物园的吉祥物——两只大猩猩，非常可爱逗趣，花卉园内有来自世界各地的花卉品种，根据季节的变化而变化，形成丰富多彩的花卉美景（图 6-12、图 6-13）。

    星空花园里有全天营业的餐厅，能随时满足访客的需求，周围绽放的鲜花和全球美食汇聚成色、香、味俱全的盛宴，让访客能坐在花丛旁享受独特的餐饮体验（图 6-14）。

    星空花园内还有 1000m² 的活动广场，是举办大型活动或私人宴会的胜地。访客在这里既可以享受户外花园的氛围，又不会受天气影响。

图6-12 绿雕植物走道[1][10][11]

图6-13 花卉园[1][10][11]

图6-14 星空花园内的餐厅[11]

6.2.2　森林谷

森林谷（Forest Valley）是星耀樟宜的最大亮点，拥有 2000 多棵树木和 10 多万株灌木，包括很多棕榈类植物和蕨类植物，分别来自澳大利亚、巴西、中国、马来西亚、泰国和美国等国家，其绿化面积约为 2.2 万 m^2，高达五层楼，使星耀樟宜成为新加坡规模最大的室内花园，也使樟宜机场成为著名的绿色机场（图 6-15）。森林谷设有两条漫步小径，供访客在绿意盎然的舒适环境中，经星空花园，到达星耀樟宜的最顶端一览美景。蜿蜒在森林谷中的绿色步道直通零售和餐饮店铺，实现自然与商业的相互共融，打造极致的惊喜购物体验。

图 6-15　森林谷（虞金龙 摄）[1][7][11]

6.2.3 雨漩涡

高达 40m 的雨漩涡 (Rain Vortex)
是世界最高的室内瀑布，这无疑是星耀
樟宜的又一大亮点。在白天，雨漩涡使
人们沉浸在日光下的水雾中；当夜幕降
临，瀑布的水幕就变成了一个投射光影
的屏幕，水舞声光秀在这里上演，吸引
无数访客驻足欣赏（图 6-16）。

图 6-16　雨漩涡（虞金龙 摄）[2][11]

6.2.4 樟宜时空体验馆

樟宜时空体验馆（Changi Experience
Studio）是一个采用尖端科技激发无限
想象力的多媒体互动馆（图 6-17）。以
樟宜机场为主题，带给人们一段激动
人心的虚拟探险经历，了解樟宜机场
的辉煌历史以及幕后故事。在这里，
访客能探索世界领先航空枢纽背后的
奥秘，体验何为"樟宜精神"。通过
生动的多媒体展示及有趣的互动游戏，
独特的游览体验将让访客对新加坡的
著名地标留下更深刻的回忆。

图 6-17　樟宜时空体验馆[1]

6.3 特色

6.3.1 新定义、新内涵

已经建成的星耀樟宜是一座跨时代的标志性建筑，其建筑的目的虽然是为来自世界
各地的游客提供便捷舒适的环境和服务，但其定义和内涵更为宏大。"花园城市"是新加
坡的城市发展理念，而星耀樟宜项目的落成，不仅完美诠释了"花园城市"的内涵，还
将重新定义机场的概念，这里汇聚了生机勃勃的市集和巨大的室内花园，为人们提供亲
近自然的独特体验。其玻璃穹顶构筑内部包括 13 万 m^2 的零售、酒店、餐饮、娱乐空间，

各个空间通过多层次的花园以及密林谷步径相互联系，这又打破了传统的机场购物中心概念，创新了结合自然、文化、教育、娱乐等多位一体的多功能生活休闲体验。

6.3.2 科技创新

星耀樟宜的建筑外部面积约 23410m²，由超过 9000 片玻璃、约 18000 根钢梁和超过 6000 个铸钢节点组成。组成星耀樟宜"外壳"的数千片玻璃，精准切割，完美组装，让公众从崭新角度透视樟宜机场的美，耀眼却不刺眼。每片玻璃形状虽看似一样，但每片的尺寸都是"量身定制"的。由于每片玻璃都独一无二，让整个安装过程更具挑战性，需要工人良好的协调，确保安装位置准确无误。在安装玻璃前，工人除了查看图纸，确认玻璃片的位置，也须扫描玻璃上的 QR 码贴纸，与承包商的电脑软件核对。确认没有问题后，才会启动液压泵和起重机，把玻璃片吊到指定位置，由另一组工人接手安装。星耀樟宜外部采用的是光谱选择性玻璃，具有高可见光透射率和低太阳能增益，即让阳光透射进建筑，帮助室内树木生长的同时，确保室温不会太高。此外，每个玻璃板都是两层的，玻璃之间也隔着 16mm 的空隙，以达到隔声效果，将飞机噪声降到最低。针对建筑的玻璃"外壳"是否会影响飞行和驾驶，团队花了两年的时间才完成玻璃材质的研究和筛选等工作。目前，已做了系列测试和研究，确保玻璃表层折射出的眩光不会影响空中的交通管制工作。今后还会继续监督玻璃眩光的事宜，也不排除在必要时，探讨是否对一些玻璃进行更换或做特别处理。[4][9]

雨漩涡由建筑物收集的雨水从七层楼的屋顶中央泻下而成，借助水泵这些雨水还能用于整个机场的建筑服务和景观灌溉系统。室内瀑布流动的水也能够被作为一个被动冷却系统，有助于冷却内部空间。频繁的雷暴期间，雨水将以每分钟超过 1 万加仑（37854 L）的速度流动。[4]除雨水收集外，星耀樟宜还采用动态遮阳和高效通风系统。该项目被评为 Green Mark Platinum，这是新加坡的绿色建筑最高标准（图 6-18）。

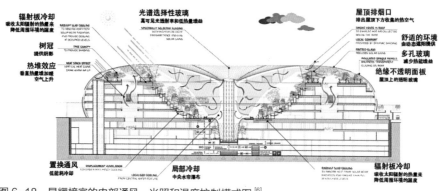

图 6-18　星耀樟宜的内部通风、光照和温度控制模式图[6]

6.4 启发

6.4.1 运营模式推陈出新

众所周知，展览温室从诞生起就注定了其贵族命运，无论是前期的建设还是后期的维护等都需要大量的资金投入，因此，如何可持续的运营和维护展览温室往往成为各建设方亟须解决的问题。目前国内外很多展览温室都是公益性质的，其运营模式主要依靠财政资金或基金会资金，部分可能还会有捐赠资金，但即使这样也只能基本维持温室的常规运行；还有部分温室在室内空间预留一些餐饮或活动空间，如婚礼、表演、冷餐会等，从而获得一些资金，但这些往往杯水车薪，解决不了实际问题。星耀樟宜的横空出世打破了以往的思维模式，机场内部种植了大量植物，营造了大片自然生境，符合传统的展览温室定义，同时又引入了零售、酒店、餐饮、娱乐等项目和品牌，这些都将为今后温室的运营提供强有力的资金保障，从而实现了公益与商业的合作共赢。事实上，公益的长远发展往往离不开商业力量的支撑，公益活动总是有成本的，需要持续稳定的发展环境和土壤，企业投资公益项目，在成就某些商业模式的同时，也促进着公益事业的发展和革新。展览温室的运营也是如此，借助商业手段和市场的模式，可以使植物和生态保护等科学知识和文化传播得更广，使公益的形态更加多元，让更多的人从展览温室的公益行动中受益。

6.4.2 功能多样性

星耀樟宜的建成，进一步拓展了温室社会功能的范畴。这里有超过 280 家购物和餐饮店铺入驻，并设有 130 间 YOTELAIR（机场酒店）客舱，各种娱乐设施能满足不同年龄层的需求，还提供行李寄存、退税服务、提前办理登机手续等航旅服务，将温室的社会功能从表演、冷餐、派对、高端聚会延展到整个商业活动，包含购物、住宿、餐饮、娱乐等，其服务的群体更加广泛，这对今后温室的运营也提供了很好的支撑。

6.4.3 可持续发展

展览温室可持续发展的几个关键因素是：（1）服务的职能，从最初游客的观光到现在购物、休闲、餐饮和娱乐一体化的综合性服务职能；（2）经济支撑，从简单的收取门票到现在结合商业模式的企业投资，不仅吸引了更广泛的消费和服务群体，还为温室的运营提供了极大的支撑；（3）功能多样化，人们向往在温室里既能享受都市生活的便捷，又能体验回归自然的惬意。随着温室功能的不断拓展，服务内容的不断丰富，就会聚集越来越多的人前来参观，形成连锁效应，从而实现可持续发展。

参考文献

[1] Experience Wonder at Jewel Changi Airport [EB/OL]. 2019-10-21. https://www.jewelchangiairport.com/en.html.

[2] Safdie's Jewel Changi Airport Nears Completion, Featuring the World's Tallest Indoor Waterfall [EB/OL]. 2019-03-14. https://www.archdaily.com/913219/safdies-jewel-changi-airport-nears-completion-featuring-the-worlds-tallest-indoor-waterfall.

[3] Jewel Changi Airport by Safdie Architects is set to open in April 2019 [EB/OL]. 2019-03-07. https://www.wallpaper.com/architecture/jewel-changi-airport-safdie-architects-singapore-opening.

[4] Sneak peek at Singapore Changi Airport's spectacular new Jewel [EB/OL]. 2018-5-30. https://edition.cnn.com/travel/amp/jewel-changi-airport-singapore/index.html.

[5] Jewel Changi Airport[EB/OL]. 2019-03-22. https://en.wikipedia.org/wiki/Jewel_Changi_Airport.

[6] Jaron Lubin: architect aiming high [EB/OL]. 2017-10-15. https://www.radionz.co.nz/national/programmes/sunday/audio/2018617914/jaron-lubin-architect-aiming-high.

[7] dezeen [EB/OL]. Safdie Architects completes world's tallest indoor waterfall at Jewel Changi Airport, 2019-04-12. https://www.dezeen.com/2019/04/12/jewel-changi-airport-singapore-safdie-architects-waterfall/.

[8] Jewel Changi Airport [EB/OL]. 2018. https://www.safdiearchitects.com/projects/jewel-changi-airport.

[9] 星耀樟宜：樟宜机场新地标即将落成用完美打造"玻璃星空"[EB/OL]. 2018-05-22. http://www.shicheng.news/show/215789.

[10] 【新加坡】樟宜機場新設施：星耀樟宜（Jewel Changi Airport）景點、美食攻略，室內最大瀑布雨漩渦、星空花園門票、購物資訊大公開！[EB/OL]. 2019-10-21. https://blog.kkday.com/47173/asia-singapore-jewel-changi-airport.

[11] PHOTOS: The world's best airport just unveiled a $1.3 billion glass dome mall with a stunning forest waterfall – here's what it's really like inside Jewel Changi Airport [EB/OL]. 2019-11-14. https://www.businessinsider.sg/changi-airport-jewel-best-waterfall-forest/.

第二部分
展览温室的翻修

展览温室是一个人工控制、展示生长在不同地域和气候条件的植物及其生存环境的室内空间。简单来说，展览温室是由建筑结构主体外加覆盖材料形成的室内空间，通过环控系统创造一个近似的地域气候条件来展示该地域的物种种类，同时，要兼顾景观性、多样性、丰富性等展示需求的绿色空间。其中温室的主体建筑结构和覆盖材料是随着技术的发展而革新的，内环境的调控系统也是随着智能化发展而发展的，因此2005年以后，出现了比较多的旧温室改造项目，这既是植物生长和生存的需求，也是技术革命带来的必然。

展览温室的改造主要围绕温室的结构材料、覆盖材料、环控系统、植物景观等方面开展的。第一，原有的结构材料老旧破败，如木质结构、铸铁结构等，长时间在高温高湿的环境下，容易腐烂或腐蚀，不能起到封闭、支撑等作用；第二，存在安全隐患，很大一部分温室的改建都是由于结构材料随着时间的流逝而耗损严重，存在很多安全隐患；第三，景观杂乱，一方面随着时间的累积，植物原有的生长空间已不满足其需求，如温室内部的高度，植株之间的竞争等必然会影响景观；另一方面是随着物种的引进，植物多样性的增加，原有的单一的植物类群必然会进行调整；第四，多气候类型混种，由于不同气候类型的植物生长环境不同，这就导致某一类植物可能很好，其他类群植物就很差，而且这个矛盾本身无法调和，这就需要进行翻新来重新定位温室的展示类群；第五，需求变化，随着技术的发展，智能化越来越先进，展示的形式和手段丰富多样，这必然带来了一些变革，一方面来保育更多更特殊生境的植物类群，另一方面让游客更好更生动的了解植物及其背后的故事。诸如此类的代表性温室翻修有法国巴黎自然博物馆温室（2010年）、英国邱园的温带温室（2018年）等。

第7章

法国巴黎自然博物馆温室翻修（2010年）

　　巴黎植物园（Jardin des Plantes）位于法国首都巴黎第五区的塞纳河畔，占地 23.5hm²，隶属于法国国立自然博物馆（Muséum National d'Histoire Naturelle）。[1][2]

　　巴黎植物园历史上曾先后建设过许多温室，但由于战乱等因素的影响，历经多次更迭，鲜有幸存。2005—2010年，巴黎植物园耗资800万欧元对温室进行翻修和重建，最终完成了由4个温室组成的展示植物多样性的温室群（图7-1～图7-3）。

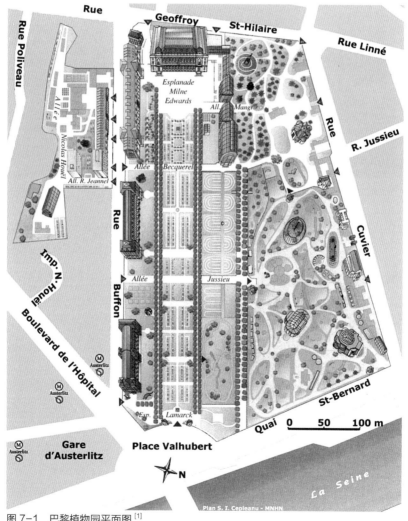

图 7-1　巴黎植物园平面图[1]

图 7-2 修复后的温室群（李湉 摄，2018 年）

图 7-3 温室群

图 7-4 "双胞胎"温室（王昕彦 摄）

4 个温室沿着巴黎植物园的景观轴线北侧排布，自西向东依次为夏尔·罗奥·德·弗罗莱（Charles Rohault de Fleury）的"双胞胎"作品——古植物温室（法语：Serre de l'histoire des plantes）和新喀里多尼亚温室（Serre de Nouvelle-Calédonie）（图7-4），以及四者中体量最大的热带雨林温室（Serre des forêtstropicaleshumides），经历大修的三座温室排列成行，而基于原"殖民地温室"旧址重建的"沙漠和旱地植物温室"（Serre des déserts et milieuxarides），则紧紧依偎于热带雨林温室南侧。

7.1 历史背景

巴黎植物园起源于 1626 年路易十三授权创建的国王花园，1635 年开始用作皇家药用植物园，1718 年，路易十五宣布取消其药用的功能，使其成为单纯的专注于自然的皇家公园（Jardin du Roi）。在 1789 年法国大革命期间，正式命名为巴黎植物园（Jardin des Plantes）。

18 世纪，著名的博物学家布封（Georges-Louis Leclerc, Comte de Buffon，1707—1788 年）将花园拓展至今日之格局。法国大革命后的 1792 年，凡尔赛宫动物园被认为是君主专制的象征而废除，残存动物部分送至巴黎植物园，增设动物园，这是目前已知的全球第二古老的动物园。在此基础上，1793 年法国国家自然博物馆正式成立于巴黎植物园。

1714 年，塞巴斯蒂安·瓦扬（Sébastien Vaillant）建造了巴黎植物园的第一个温室，收集了包括阿姆斯特丹市长赠予路易十四的珍贵的咖啡树。在整个 18 世纪，陆陆续续建起多个温室，可惜经历了 1870 年普法战争、第一次世界大战、第二次世界大战多次浩劫并未保留下来。包括 1795—1800 年间，建筑师莫利诺（Molinos）建造的柑橘温室（orangery），亦毁于 1927 年。

19 世纪 30 年代，建筑师夏尔·罗奥·德·弗罗莱从英格兰归国之后，建造了两个大型的铸铁玻璃温室，高约 15m（图 7-5）。这是当时世界上最大的铸铁玻璃建筑，也是温室历史上一次重要的转折点，金属结构的引入，取代了原有的石头和木质温室，变得更加坚固而耐久。这两座温室保存至今，在 2010 年后以"古植物温室"和"新喀里多尼亚温室"的身份重新与公众见面。

图 7-5　1840 年的夏尔·罗奥·德·弗罗莱的温室[3]

图 7-6　1920 年左右朱尔斯·安德烈设计的冬季花园的入口 [3]

　　第一座"冬季花园"由朱尔斯·安德烈（Jules André）建于 1881—1889 年。20 世纪 20 年代，钢筋混凝土结构技术开始蓬勃发展（图 7-6）。昔日的"冬季花园"于 1934 年拆除，勒内·贝尔热（René Berger）重新设计建造了一个装饰风格（Art Deco）的新冬季温室，这座占地 1000m² 的大型温室不仅抛弃了内柱，高度也上升到了 16m。2010 年后改名为"热带雨林温室"重新对外开放。

　　20 世纪 50 年代，冬季花园（现热带雨林温室）一侧建造的木结构玻璃温室——"殖民地温室"，毁于 20 世纪 90 年代初。在 2005—2010 年的修复过程中，这一长廊型的建筑得以重建，并作为"沙漠和旱地植物温室"对外开放。[1][2]

7.2　建筑与设施的翻修

　　早期金属结构的温室容易遭到风雨和室内湿热环境的侵蚀，每 25～30 年至少需要修复一次，遗憾的是，由于资金匮乏等原因，修复间隔周期被不断拉长。在最近的这一次修整之前，温室群仅对外开放了其中的两个。经过了 2005—2010 年为期 5 年的大修之后，4 座温室终于串联成一条全面且系统化的游览路线，并对公众开放。翻修包括建筑、设备、土壤、布局、植物等多个方面。

历史建筑的修复是十分艰难的，承包商在建筑的内外侧均搭建了脚手架，层层包裹，并对所有的金属部件进行清洗和防锈处理，腐蚀严重者则直接换新（图7-7）。并肩而立的古植物温室、新喀里多尼亚温室以及热带雨林温室均坐落于抬高的"路堤"基础之上，前两者外观基本镜像对称，北面为实墙，而非通体的玻璃，形似单坡面温室。因此，除了金属骨架以外，基础和石墙的修复也是建筑修葺工作中的一部分。4个温室中只有沙漠和旱地植物温室的长廊建于低处，为了更好地排水，特意抬高了种植床。

经过翻新，4座温室的定位和布局也发生了变化：夏尔·罗奥·德·弗罗莱温室的西馆，由最初的"澳大利亚温室"改为"古植物温室"；另一座东馆，即第一座夏尔·罗奥·德·弗罗莱温室，过去作为"墨西哥温室"，专门收集墨西哥、马达加斯加和非洲植物的，修复后改为"新喀里多尼亚温室"；"冬日花园"则易名为"热带雨林温室"；沙漠植物和旱生植物改至重建的新长廊温室展出（图7-8）。

经历长年的种植，温室内的基质已十分贫瘠，土壤的更换刻不容缓。工作人员对温室进行了彻底清空，移栽出来的植物被分别安置在弧形温室（curved greenhouse）

图7-7　修复中和修复后的热带雨林温室[3]

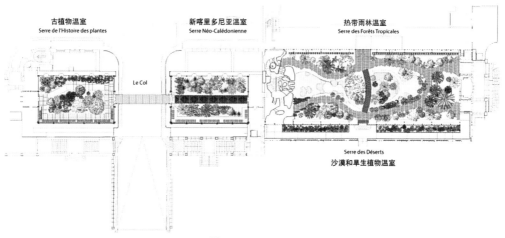

图7-8　重新组织的温室布局（杨庆华 改绘）[4]

和同属法国自然博物馆管辖的凡尔赛植物园温室（Chevreloup Arboretum greenhouse）。新喀里多尼亚馆（New Caledonia）用以展示位于太平洋法属群岛的特有植物，其生境十分特殊，当地土壤中富含镍和其他重金属，然而，经过20年的经验积累，工作人员发现新喀里多尼亚的乡土植物在营养丰富的园艺土壤中同样长势喜人。因此，种植床仍旧采用营养土回填，但在表面加盖了红色和米色的沙子以及胭脂红的石头，模拟新喀里多尼亚赭石和红色的土地，暗示矿物质的存在，与绿色的植被形成鲜明对比，别具风情。在其他温室中，植物按照相似的气候条件和土壤组合为群落——沼泽、潮湿的森林、干燥的森林或半荒漠区域。为了更接近自然条件，园艺师们根据不同群组的植物添加基质材料，这将使游客能够清楚地识别"场景"。

馆内许多特殊生境的营造，为有限的空间中植物多样性的充分展示提供了基础。在新喀里多尼亚温室，专业公司参考新喀里多尼亚的岩石和瀑布实景，利用混凝土仿石技术，在温室内打造了一处小型瀑布和弯折的小溪，以建立一个微型的红树林。热带雨林温室的入口，一座被假山包裹的"岩洞"营造出神秘氛围的同时，展示了热带雨林丰富的爬藤植物和附生植物。

对于温室植物而言，光和土是营养源泉，水和空气则是生命的保障。在温室里，只有基础的供水管道，而没有自动浇灌系统，因为园艺师们认为，来自各地的植物并不都具有相同的水需求，因此更倾向于用经验来评估浇水量。除了灌溉用水，三个温室均需保持较高的空气湿度，尤其是"冬季花园"（热带雨林温室），温室屋顶上悬挂的雾化器，会定时补充空气湿度。

巴黎属于温和的海洋性气候，夏无酷暑，冬无严寒，对于热带植物而言，在巴黎的冬天，加热设备仍不可少。早期使用燃烧木炭的火炉来供暖，后来逐步转向煤等其他燃料。到20世纪60年代，温室连接到巴黎的区域供热网络，通过家庭垃圾的燃烧产生循环热水供暖，原本存放锅炉设备的空间现在用作储藏。夏天则通过开窗、喷雾和浇水降温。

为了提高科普水平，温室在文化和科普导览系统上同样进行了提升，新喀里多尼亚温室是群岛文化的展示，当地的历史、经济、文化内容通过滚动的小屏幕、平面照片、立体雕塑进行全方位的介绍。温室的北墙上5个雄伟的壁龛内，亦安装了5个高大的高科技屏幕进行科普展示，物尽其用。

7.3 温室的植物

世界大战期间，用以供暖的煤十分紧缺，温室陷入了极大的困境，收藏的植物全部覆灭，因此现存的植物并没有早于1945年的。4个温室中的植物都有着各自典型的特征。

7.3.1 热带雨林温室

热带雨林温室以香蕉树等热带经济类作物、爬藤植物、蕨类植物和兰花等为特色。近 800 种榕属植物生活在热带森林中，遍布各大洲，热带雨林温室内则主要收集了非洲的种类。除此之外，印加树属（*Inga*）、落腺檀属（*Piptadenia*）、烛参属（*Oreopanax*）、柳矛木属（*Meryta*）、苹婆属（*Sterculia*）、罗汉松属（*Podocarpus*）等构成群落骨架的树种在此繁茂了数十年。

经过精心的设计，与人们生活息息相关的经济作物徐徐展开，包括水果、木材、纤维作物，也包括用于制作饮料、香料、香精等的植物，甚至是用于治疗癌症的药物来源。从香蕉到咖啡，香草到可可，胡椒到桃花心木，还有广为人知的木薯（*Manihot esculenta*）、依兰（*Cananga odorata*）、广藿香（*Pogostemon cablin*）、姜（*Zingiber officinale*）、鳄梨（*Persea americana*）、木瓜（*Chaenomeles sinensis*）以及辣椒（*Capsicum annuum*），无一不是地球馈赠给人类的宝贵财富。

展馆入口处绿色植物悬于头顶垂落，由知名的立体绿化专家帕特里克·布兰克（Patrick Blanc）设计，眼树莲属（*Dischidia*）、球兰属（*Hoya*）、丝苇属（*Rhipsalis*）、芒毛苣苔属（*Aeschynanthus*）、秋海棠属（*Begonia*）、蕨类植物、兰花等丰富的植物类群形成了层层叠叠的立体视觉效果（图 7-9）。

图 7-9　水池边挂满空气凤梨、附生仙人掌及天南星科的岩壁和树枝[3]

水池附近残留的枯树骨架上，悬挂着数十种附生植物：花烛属（*Anthurium*）、光萼荷属（*Aechmea*）和其他凤梨科植物、胡椒属（*Piper*）、蕨类植物、兰花等，其中很大部分是蚁栖植物。另外一个让人意外的是附生仙人掌，在人们印象中，作为多肉植物的仙人掌应该来自沙漠，待在更干燥的温室里，然而附生仙人掌却能利用树枝上少量的腐殖质，以空气水分为食，即使在短暂的干旱时期，也能利用储水组织巧妙应对。

在树冠的浓荫下，铺满了多样化的地被，热带雨林中只有很小一部分光照能到达地面，那些习惯遮荫的植物占热带森林植物种类的1/3，代表属包括鹤蕊花属（*Cochliostema*）、依兰属（*Cananga*）、西闭鞘姜属（*Costus*）、山姜属（*Alpinia*）、秋海棠属（*Begonia*）、胡椒属（*Piper*）、藤麻属（*Procris*）、凤仙花属（*Impatiens*）、蝎尾蕉属（*Heliconia*）、艳苞姜属（*Renealmia*）、滴药草属（*Stelestylis*）、冷水花属（*Pilea*）、美人蕉属（*Canna*）、爵床属（*Justicia*）、黄脉爵床属（*Sanchezia*）。

7.3.2 沙漠和旱生植物温室

在隔壁的长廊中，植物来自美国加利福尼亚、墨西哥、撒哈拉、澳大利亚、马达加斯加等炎热的沙漠和干旱栖息地。为了抵御干旱，植物们演化出令人称奇的应对策略（图7-10）。

图7-10　温室部分多肉植物

部分植物叶片退化为针刺状，或是覆盖蜡质、角质层或细毛，以此来降低蒸发量。如马达加斯加南部炎热地区荆棘丛中的盖果漆属（*Operculicarya*）和刺戟木科（Didiereaceae）；沙漠中的绿洲象征海枣（*Phoenix dactylifera*），俗称椰枣（Date Palm），千百年来作为中东和印度河流域的主食，是中东及西非、北非的重要经济作物；地中海气候区如桃金娘科（Myrtaceae）、草莓树属（*Arbutus*）的植物。

部分植物从植物生理机制上作出了改变，如来自墨西哥的锦司晃（*Echeveria setosa*），叶子排列成莲座状并拥有精细的保护毛，作为景天科（Crassulaceae）代表，具有沙漠植物特有的光合作用类型——景天酸代谢（Crassutacean Acid Metabotism, CAM），它们白天将气孔关闭躲避烈日的炙烤，夜间打开吸收二氧化碳，有效地减少了水分的流失。

植物有时会利用特化的器官储水来抵御干旱，南非和马达加斯加景天科植物中有许多多汁多浆的代表：天锦木属（*Adromischus*）、莲花掌属（*Aeonium*）、石莲花属（*Echeveria*）、青锁龙属（*Crassula*）、长生草属（*Sempervivum*）、景天属（*Sedum*）。其中比较特殊的是马达加斯加特有的葫芦科肉质藤本——碧雷鼓属（*Xerosicyos*）。为了适应相同的极端条件，相距甚远的植物们逐渐演化出趋同的外部形态。非洲猴面包树（*Adansonia digitata*）和澳洲的酒瓶树（*Brachychiton paradoxus*）均具有膨大的树干用以储水，这类植物常被称为瓶子树或象腿树。还有一些植物基部膨大，像煎饼一样扁平，或似大土豆和龟壳，如水根藤属（*Fockea*）、薯萝藦属（*Raphionacme*）、葡萄瓮属（*Cyphostemma*）、沙漠玫瑰属（*Adenium*）等。

有些植物逃避干旱的方式是将自己的大部分身体躲藏在地下，较地表温度而言温和许多，也便于伪装隐藏自己，尤其是产自非洲南部的番杏科（Aizoaceae）植物。苍角殿（*Bowiea volubilis*）是一种相当奇怪的南非多年生植物，其膨大的淡绿色洋葱形鳞茎部分没入土壤中。没有叶子的茎富含叶绿素，从储水茎中不断延伸蔓出。

来自非洲西南部纳米布（Namib）沿海沙漠的百岁兰（*Welwitschia mirabilis*）是全球的明星植物，其展开两片强大的带状叶子，用以收集露水，寿命可达千年。虽条件艰苦，但这些顽强的植物从未放弃繁衍，来自墨西哥的般若（*Astrophytum ornatum*）是仙人掌的代表，它们常常在枯燥的环境中，绽放出大而多彩的花朵，以吸引昆虫和鸟类授粉，展现生命的顽强和倔强。

7.3.3 新喀里多尼亚温室

新喀里多尼亚是位于大洋洲的群岛，在这些长期被太平洋阻隔的土地上，植物变得非常特有化：76% 的物种在其他任何地方都不存在！它们的分布有时甚至非常有限：一座山峰，一座山谷，一座森林，因此十分脆弱，具有极其珍贵的保育价值。新喀里多尼亚温室不到 200m² 的种植空间内，展示了 5 种不同环境的植物多样性：雨林（rainforest）、干性森林（dry forest）、荒原（heathland）、热带稀树草原（savanna）和红树林沼泽（mangrove swamp）。

新喀里多尼亚潮湿的森林中，露兜树（*Pandanus tectorius*）是必备品，莲叶桐属（*Hernandia*，又称蓝木）、杜英属（*Elaeocarpus*）、榕属（*Ficus*）、南鹅掌柴属（*Schefflera*）、洋常春木属（*Meryta*）、玫瑰树属（*Ochrosia*），以及桃金娘科的蒲桃（*Syzygium jambos*）和铁心木（*Metrosideros robusta*）也是重要的代表植物。这里有多种特有的棕榈树，包括裂柄椰属（*Burretiokentia*）、橄榄椰属（*Kentiopsis*）、茶梅椰属（*Chambeyronia*）等。它保留了许多具有古老特征的植物，许多植被自澳洲与南极洲联合板块分离前便已存在，其中最为著名的是地球上已知最原始的开花植物无油樟（*Amborella trichopoda*）。沿着山脊分布的南洋杉和罗汉杉混生林，南洋杉属（*Araucaria*）、贝壳杉属（*Agathis*）、绒袍杉属（*Acmopyle*）、镰叶杉属（*Falcatifolium*）、扭叶杉属（*Retrophyllum*）植物交错，呈现出中生代（Mesozoic era）的普遍景象。新喀里多尼亚树蕨（*Cyathea intermedia*）是世界上最高的一种树蕨，高达 30m，温室仅有其一半的高度。它们具有巨大的假树干（或"叶柄"），在蕨类植物和棕榈树中，"假树干"由旧叶子遗留形成，并没有木质化。

在左侧，游客们会发现一处特别的矿产植物荒原景观，格兰德特雷（Grande Terre）具有稀少的树木、灌丛及杂草，红色的土壤与不同的绿色形成鲜明对比。超铁镁质（ultramafic）的土壤，富含镁和铁，以及重金属镍、钴、锰、铬等，二氧化硅却十分匮乏。奇特的地质条件，高达 90% 的特有植被，导致这里的植物鲜有竞争者。一些植物会富集土壤中的镍，如红荆梅（*Geissois pruinosa*），一些物种甚至会流出蓝绿色的液体，这些植物可以用于收集土壤重金属，修复矿区。

温室内浓缩了地中海气候区的马基斯（maquis）常绿灌木群景观，像猫尾巴的米勒南洋杉（*Araucaria muelleri*），桃金娘科的白千层属（*Melaleuca*）、铁心木属（*Metrosideros*）、金缨木属（*Xanthostemon*）植物，山龙眼科（Proteaceae）荷枫李属（*Beauprea*）、银桦属（*Grevillea*）、火轮树属（*Stenocarpus*），以及合椿梅科（Cunoniaceae）的岛枫梅属（*Codia*）、合椿梅属（*Cunonia*）、红荆梅属（*Geissois*）植物。它们独特的优雅轮廓，让人们不得不感慨自然的奇迹。干燥的"硬叶森林"（sclerophyllous forest）植物，常具有革质化的叶面，以适应干旱环境。受干燥信风的影响，硬叶森林实际上延伸到了新喀里多尼亚的北部和西部海岸。由于城市化、火灾、工业活动及生物入侵的影响，今日的森林面积仅初始面积的 1%，约 50 km²，呈碎片化分布，十分脆弱。一种海桐花（*Pittosporum tanianum*）被认为已经灭绝，经过科学家和志愿者的艰辛工作，终于发现了一些野外植株，并得到扩繁和保育。茜草科的龙船花属植物（*Ixora*）爆出一串串粉色或红色的花朵，壮观如喷泉。这

图7-11 新喀里多尼亚温室

里还有豆腐柴属（*Premna*）、鱼骨木属（*Psydrax*）、榄仁树（*Terminalia catappa*）、避霜花属（*Pisonia*）、茶梅桐属（*Fontainea*）、朱蕉属（*Cordyline*）、番樱桃属（*Eugenia*）等植物。

在新喀里多尼亚的西部和北部，干燥森林中的广阔平原拥有稀树草原（savannah）景观，人们通过焚烧来获取牧场和耕地，加上外来入侵的动植物的危害，这里受到了严重的破坏，这里的占主导地位的五脉白千层（*Melaleuca quinquenervia*）可以用以提取精油，并在习俗仪式和制药中发挥重要作用。

"沃之心"（heart of Voh）是新喀里多尼亚的著名景点，作为标志性的景观之一，红树林必不可少。在巴黎的大温室内苛刻的环境条件下，园艺师们尽力地营造出这种奇特的植物景观，大小适中的蕨类植物装饰着瀑布和溪流的周围环境。水从崎岖的岩石中涌出，淌下形成一条小溪，蜿蜒而舒缓，穿梭经过红树林的泥浆，红树属（*Rhizophora*）、海榄雌属（*Avicennia*）、榄李属（*Lumnitzera*）、木榄属（*Bruguiera*）汇聚于此（图7-11）。

7.3.4 古植物温室

目前的植物多样性起源于4亿年前，沿着温室路径引导游客的陆地植物的进化树，基于群体之间的亲缘关系和系统发育体系进行植物和化石的排布。

游线从植物的起源——绿藻、苔藓和维管植物古老的分支石松门（Lycopods）开始。卷柏属（*Selaginella*）介于苔藓和另一个维管植物分支——真叶植物之间，是奇特的单属原始植物。被称作马尾草（horsetail）的木贼（*Equisetum hyemale*），能富集土壤中的二氧化硅，粘附于植物细胞表面。已经灭绝的树状木贼（Calamites）高度可达20m，是石炭纪时期煤炭沼泽的组成部分。合囊蕨属（*Marrattia*）、观音座莲属（*Angiopteris*）、紫萁属（*Osmunda*）这些接近石炭纪和二叠纪的蕨类植物，均被当作活化石。

经过一些过渡群植物，苏铁和银杏石炭纪和晚二叠世的植物通过光合作用积累了大量的有机质，是大多数煤矿的来源。植被的这种强烈活动导致大气中二氧化碳的速率显著下降，直接作用于二叠纪初的气候冷却。自三叠纪（2亿年前）结束以来，银杏（*Ginkgo biloba*）、苏铁（*Cycas revoluta*）和针叶树占据了主导地位，原始的种类已经开始具有裸露的胚珠，但仍然是雌雄异株的。在针叶林区附近出现了两个大型化石树干：第一个是来自亚利桑那州三叠纪（约2.25亿年）的南洋杉科的硅化树干，第二个来自法国维尔瑞斯（Villejust）一个3300万年的石化森林，这是一种被称作秃头柏（bald cypress）的落羽杉（*Taxodium distichum*），时至今日，在佛罗里达的沼泽森林中仍然可以见到它。

到了侏罗纪和白垩纪，蕨类植物再次变得多样化，温室中的代表植物包括番桫椤属（*Cyathea*）、蚌壳蕨属（*Dicksonia*）、铁角蕨属（*Asplenium*）、铁线蕨属（*Adiantum*）等。买麻藤门（Gnetophyta）至今仍是一个具有争议的分支，它的三个进化支中的买麻藤科（Gnetaceae）是藤本或特殊的热带树木；麻黄科（Ephedraceae）植物可以提取麻黄碱，是优秀的固沙植物；百岁兰科（Welwitschiaceae）仅有一个种，百岁兰（*Welwitschia mirabilis*），最长可达20m的叶片，能够抵御纳米比亚沙漠的恶劣气候。

从大约1.25亿年前的白垩纪开始，化石揭示了被子植物花的原始组织和起源。睡莲属（*Nymphaea*）、八角（*Illicium verum*）、胡椒（*Piper nigrum*）、马兜铃属（*Aristolochia*）、月桂（*Laurus nobilis*）、鳄梨（*Persea americana*）、肉豆蔻（*Myristica fragrans*）、木兰属（*Magnolia*），这些古老的开花植物给我们提供了大量的香料和调味品。近450个科中有超过25万种物种，被子植物现在占陆地植物物种的85%以上。但是谁又知道气候的变化是否会颠覆它们的霸权呢？在历史上各种地质变化时期幸存下来的生物是我们的宝贵资源，食品、制药、工业或手工，都离不开它们，而且它们还具有多样化的未来的潜力（图7-12）。[5]

7.3.5 科普教育

巴黎植物园温室在文化和科普导览系统上同样进行了提升，在各个馆内，充分利用了模型、化石、植物名牌、科普展牌等多种展示形式。新喀里多尼亚温室的北墙有 5 个古老而雄伟的壁龛，在这次翻修过后内嵌了 5 个高科技屏幕进行动态的科普展示（图 7-13）。在新喀里多尼亚温室和热带雨林温室之间的小房间内，通过滚动的小屏幕、平面的照片、立体的雕塑，对群岛的历史、经济、文化，进行全方位的介绍，帮助游客了解背景知识（图 7-14）。在热带雨林馆，用实物或模型进行一些科普展示，如经济作物可可、储水凤梨、气生凤梨和兰花等（图 7-15）。

图 7-12　进化树和部分展示植物

图 7-13　壁龛内的科普展示屏

图 7-14　新喀里多尼亚的历史、文化展示

图 7-15　热带雨林温室的科普教育

7.4　启发

不同于国内温室起步较晚，欧洲地区的温室建筑多具有深远的历史。而作为最早一批建设温室的植物园，巴黎植物园的温室翻新与重建是其中一个典型的案例。随着社会经济技术的进步，以及历史风霜对于温室建筑的洗礼，虽然无论是建筑结构，还是内部设备都远远落后于今天，但人们仍在努力维持着温室原貌，因其往往出自名家，并代表了当时建筑技术的顶峰，是建筑发展史的重要代表作。

维系这些历史建筑，本身是对人类建筑发展史的尊重，更是对自然科学发展史的尊重。正是其沉重的历史感，在翻新改造遭遇局限的同时，提供了极大的机遇。作为历史产物本身，前文中提到的建筑形式如"玄关"空间、壁龛与多媒体等新型展示形式的结合，均响应了当今全民科普的创新潮流。

法国自然博物馆管辖下的巴黎植物园被定义为教育科研机构，这与中国有一定差异，这也决定了其植物的收集展示更倾向于科研价值和教育内涵。对植物进化史的挖掘，经济性、功用性的探讨，奇特性、趣味性的展示在这里得到了很好的阐释。

总而言之，植物园温室的核心目标仍然是物种保育，这是全球气候变化和人类活动对生境造成破坏过程中最后的退路，也是当前全球生物多样性保护热潮中的重要组成部分。而当代展示型温室改造的核心问题仍然在于，如何在尊重历史现状的条件下，将植物收集和文化内涵提升至与当前社会发展方向吻合，这也是中国众多老旧温室改造提升时所必须考虑的。

参考文献

[1] Jardin des plantes[J]. Wikipedia, 2018.

[2] 维基百科. 国家自然历史博物馆（法国）[EB]

https://zh.wikipedia.org/wiki/%E5%9B%BD%E5%AE%B6%E8%87%AA%E7%

84%B6%E5%8E%86%E5%8F%B2%E5%8D%9A%E7%89%A9%E9%A6%86_

(%E6%B3%95%E5%9B%BD).

[3] JOLY E, LARPIN D, De Franceschi D, et al. Les grandes serres du jardin des plantes : plantes d'hier et d'ailleurs [M]. Le Pommier, 2010.

[4] LAN Architecture, Julien Lanoo · Jardin des Plantes Greenhouses[EB/OL]. [2018-07-08]. https://divisare.com/projects/137476-lan-architecture-julien-lanoo-jardin-des-plantes-greenhouses.

[5] Grandes Serres du Jardin des Plantes (Greenhouses)[EB/OL]. [2018-07-09]. https://www.mnhn.fr/en/visit/lieux/grandes-serres-jardin-plantes-greenhouses.

第8章

英国邱园温带温室翻修（2018 年）

　　英国皇家植物园邱园（The Royal Botanic Gardens, Kew）是世界最著名的植物园之一，始建于 1759 年。邱园的植物收集活动遍布全球，这就需要建立不同的人工气候室来满足不同植物的生境要求，经过上百年的发展，现存的最重要的植物收集和展示的温室包括：棕榈温室（Palm House）、威尔士王妃温室（POW Glasshouse）和温带温室（Temperate House）。

　　温带温室曾是世界上最大的温室，也是世界上现存最大的维多利亚式玻璃 - 钢结构建筑（图 8-1）。温室面积 4880m²。它的建设历经数十载（1862—1899 年），用以容纳世界亚热带和暖温带地区的易受霜冻的植物。[1]2013—2018 年，温带温室历经 5 年的翻修，耗资 4100 万英镑，终于在 2018 年 5 月重新开放，这也标志着这座历史建筑迎来了 155 周岁生日。

图 8-1　邱园温带温室（张颖 摄）

8.1 温带温室历史背景

皇家植物园邱园 1840 年由政府接管后，第一任园长威廉·胡克（William Jackson Hooker）对邱园进行了大量的改造和再建设，温带温室是这些伟大项目中的最后一个。1844—1848 年，伯顿（Decimus Burton）与结构工程师理查德·特纳（Richard Turner）合作完成了曲线优美的棕榈温室，这是第一座将熟铁与玻璃用于大跨度结构的建筑，在建筑史上占据了重要的历史地位，也为邱园的热带植物收集提供了坚实后盾。胡克在 1853 年邱园的年度报告中首次提出需要一个专用的温带植物温室，此后经过多年的不懈努力，终于在 1859 年，达尔文"物种起源论"发表的同一年，开始了温带温室的建设。然而由于经费的削减，1863 年温室仅开放了中间部分。

温带温室共由 5 个建筑单元相连而成：最中间是矩形的中央温室，两侧各有一个八边形建筑，再外延的两翼是略小的矩形玻璃房。两个八角温室最先竖立，然后是中央的矩形温室，这三部分于 1862 年率先完成，此时已经耗尽了预算的资金，两翼的南北温室及部分装饰已经无法继续（图 8-2）。

中央温室为直坡屋顶，拥有木质窗框及可以打开的大窗，以获得充足的通风。温室完工后的最大高度为 18m。两年后，在 1865 年胡克去世时，他最后的一个重要作品仍然没有完成，其子约瑟夫·胡克（Joseph Dalton Hooker）成为继任者。19 世纪末温室的主要象征性植物之一——树蕨严重受损，其幼叶严重变形，甚至死亡。杜鹃

图 8-2　1890 年两翼加上之前的温带温室 [2]（张颖 摄）

花、金合欢和山茶花等植物的长势也在变弱，病虫害迅速增加。这令人忧心的状态主要是因为将具有相反生境需求的植物放在了一起。自 1891 年以来，植物从拥挤的棕榈温室搬到温带温室。这些半热带的新来者需要更暖和、更密闭的环境，而杜鹃花或山茶花需要较为冷凉和充足的通风才能生长繁茂。此时的温室主管达利摩尔（William Dallimore）着手修整工作，主要在于提高种植床的透气性，并用尼古丁熏蒸消毒。这些措施起到了一定作用，但这些植物真正需要的是温带温室，也就是边上的两翼温室，以便能根据植物的气候需求进行安置。

经过三代人的努力，南翼——墨西哥气候温室终于在 1897 年 7 月开放；到 1899 年最后的北翼——喜马拉雅温室开放之时，标志着温室群的完工，这距离伯顿的第一次设计已经过去 40 年，距离中央温室首次开放过去 36 年。

两翼的建成使温带温室成为我们今天所熟悉的轮廓。中央温室和八角温室仍然用绿色玻璃装饰，而新的两翼则使用的透明玻璃。未曾喷涂过的外立面是石头色，而非后来的白色。在内部，使用了白色和绿色的油漆，但色调各不相同：两翼是深青铜色，而中央温室是偏蓝的中绿色。凭借其两翼的加长，温带温室的五个相连的展馆延伸至 191m，内部面积为 4880m²，使其成为世界上维多利亚时代最大的展览温室。

8.2 温室建筑及设施翻修

作为 19 世纪建筑设计的杰作，世界上现存最大的维多利亚式玻璃 - 钢结构建筑，温带温室非凡的艺术成就和深远的历史意义使其位列一级保护建筑。

20 世纪 70 年代，距离第一次开放过去逾百年之际，温室第一次因重大修复而关闭 4 年。

2003 年，联合国教科文组织宣布皇家植物园邱园为世界遗产，但在 2012 年，温室已面临巨大挑战，需要用脚手架来支撑整个建筑。窗户的玻璃长满了青苔，大部分的窗户也打不开。其中一个建筑的构架大部分是木质的，其主要支撑结构已然腐烂。英国遗产委员会（English Heritage）建议将温带温室列入风险建筑物登记册。同年，邱园委托 Donald Insall Associates 建筑师事务所进行保护建筑修复计划编制。[3]

温带温室为一级保护建筑。在修复过程中，由于温室的特殊地理位置，不得不将其整体围合，形成一个大型封闭的区域进行管理。[4]

这座一级保护建筑长达 191m，拥有大面积的斜屋顶，石柱和锻铁肋拱（图 8-3）。建筑修复的核心在于使建筑保持维多利亚建筑风格和材质的同时，结合现代技术以改善温室环境控制，优化空气流通量和光照水平，从而为植物提供更佳的生长环境。[3]

图 8-3 环绕的高层步道和壮阔的肋拱 [3]（张颖 摄）

自 1862 年温室开放以来，这是第一次清空包括土壤在内的所有种植床，仅余下 7 株不便移植的大型植物（图 8-4）。铸铁支柱支撑着巨大弧形肋拱，跨越整个空间。[2]

温带温室的系列建筑物存在许多长期的隐患，这与原始建筑细节中的固有缺陷有关。伯顿当年设计的许多建筑元素都是创新的，他是大跨度结构和水泥抹灰创新应用的早期领导者。作为保护工作的一部分，专家们研究了大量的档案记录，包括在国家

图 8-4 被吊离修复的部件（Fiona McIntyre 摄）

图 8-5　无釉赤陶山羊角耳瓶^[5]（张颖 摄）

图 8-6　入口屋檐的雕像^[5]（张颖 摄）

　　档案馆收藏的原始图纸和画作等，最终恢复了伯顿采用的华丽的装饰方案，以隐藏玻璃温室的服务设施，例如中央温室的各个屋角的无釉赤陶的山羊角耳瓶（terracotta urn），里面隐藏着旧的供暖系统排放锅炉废气用的烟道（图 8-5）。入口屋檐的罗马花神弗洛拉（Flora）和罗马森林田野之神西尔维纳斯（Silvanus）雕像，外檐口的 116 个瓮（urns）均用起重机吊离了建筑，以便进行精致的修复（图 8-6）。

　　19 世纪 60 年代的早期建筑物内为石头色的墙壁，淡蓝色和米色的装饰图案，后来加建的南北建筑金属结构改成了深绿色。20 世纪 50 年代增加了白色的二氧化钛。修复专家们对于旧材料进行取样分析显示，在温室最破旧的部分，涂料多达 13 层。鉴于几个世纪以来不同部位的玻璃房都存在各种各样的涂料方案，所以最终的设计经过与伦敦里士满区（London Borough of Richmond）及英格兰历史建筑和古迹委员会（Historic England）协同商议后，采用了内外统一的明亮的白色，包括一些以前未曾喷涂过的建筑细节，特别是东面精美的赤陶。重新粉刷建筑物消耗了 5280 L 油漆。[3][5][6]

5 年的修复期中，在一个足够容纳 3 架波音 747 的临时帐篷下，一共拆除和修理了 69000 个部件，更换了 15000 个玻璃窗，不得不说这是一项艰巨的任务，但其结果是令人惊叹的。在遗产专家的指导下，铁制品或进行修复或重新铸造，几十年的涂料被拭去，并用石油钻井平台上使用的多层耐磨油漆重新喷涂。外立面被多年的涂抹掩盖的抹灰细节，再次清晰可见：丰饶角、石榴、菠萝和番荔枝的图案起伏。很多时候，钢梁上的锈蚀并不意味着它在结构上不健全，承包商用高压水射流除锈。除锈后的 6 小时内，必须及时进行喷涂保护工作。为了便于开放后各种活动，如空中杂技的开展，中央区域进行了额外的结构加固。

邱园是第一个获得 ISO 14001 标准认证的联合国教科文组织世界遗产地，环境友好是邱园的战略核心之一。因此，其运作需要尽可能减少对当地和全球环境的不利影响。现有的大部分管道和电气设施已经服役超过 30 年，专注于建筑设施的咨询服务公司（Hoare Lea）为温带温室设计了一整套新的供暖和维修策略，利用能源中心（Stable Yard）内的新生物质锅炉和散热器创造高效和可持续的供暖系统，减少 25% 的二氧化碳排放量。

嵌入式加热管尽管如今已经过时，仍保留和修复，虽不再承担原有功能，但却具有历史意义，展示了人类温室和科技的发展史（图 8-7）。[3][4]

温带温室的原始玻璃屋顶为手动木窗框。根据 20 世纪 70 年代的现场记录，这些都是无法修复的，从而被铝制玻璃系统所取代。作为当前修复的一部分，铝框系统正在大修和清洁，配有改进的玻璃窗并连接到新的操作系统，以前手动控制的"气动式"（steampunk）铁杆齿轮开窗系统，辅以自动化装置，可以对热量、风速和风向的变化作出反应，创造一个更稳定的环境（图 8-8）。[4]玻璃屋顶现在有一个局部感应开放机制。当温度超过 12°C 时，通风口会打开，以避免过热和湿度过高。[5]

后期建设的南北两座建筑都在其砌体基座中加入了铁柱和斜角支撑，此做法与厚重的水泥抹灰相结合，而产生了包封湿气、铁构件锈蚀和砖石开裂的问题。在没有完全拆除和重建结构的情况下，修复工作引进了由专业公司（Corrosion Engineering Solutions）设计的新阴极保护系统。希望通过提供电化学途径来控制腐蚀过程，此技术将抑制砌体内金属结构和金属部件的腐蚀。减少周期性微差移动，从而减少水泥抹灰的破裂。

这项由专业团队（Turner+Townsend）进行项目管理的修复工程，将重现建筑物原有的金属和砖石核心部件，将拆离部分进行修复，并重新喷涂最新的持久和保护性涂料。现有的灌溉和通风系统不再具有功能性，需要更替，为新的植物收集提供最佳条件。

图 8-7　内部被保留的管道清晰可见 [3]（张颖 摄）　　　图 8-8　全新的天窗控制系统 [7]（张颖 摄）

　　景观设计公司（Land Use Consultants）将温室的中央空间打开，以创造一个举办活动表演的场所，引入了水景等新的景观元素，通过坡道整合，为整个温带温室提供全面的可达性（图 8-9～图 8-11）。内部景观道路经过重新规划，与原始布局更紧密地联系起来，并鼓励公众与植物之间的互动，同时方便日常养护。

图 8-9　开阔的中央活动空间 [7]（张颖 摄）

图 8-10　温室内举办活动表演及其观赏的游客（张颖 摄）

图 8-11　温室内引入了水景（张颖 摄）

　　重新铺设的路面采用了方便拆装的格栅和固定铺装相结合的设计，既符合景观设计的美学要求，同时达到了隐藏地下管线和方便维修的目的（图 8-12）。新设的公共厕所和婴儿设施，再加上新的厨房、更衣室和员工休息空间，为邱园提供了更好的活动空间和商机。[6]

图 8-12　设备管道沿路径布置藏于铺装之下 [5]

8.3　翻修中的植物更新

　　我们的一生都依赖植物。植物为我们提供食物、衣服、药物和氧气等。温带气候带位于热带地区和极寒地区之间，覆盖了地球陆地表面的 40%，并且拥有适合的温度和分明的季节。目前普遍认为热带地区的高海拔地区也存在温带地区。温带温室的代表气候带包括几个全球生物多样性热点——植物多样性的关键领域。已经确定的 35 个生物多样性热点地区，虽然仅占地球陆地表面的 2.3%，却拥有所有特有植物物种的 50%。

　　因此，温带温室除了建筑本身的重要意义，在植物保护和生态多样性保护领域的作用也不容忽视。温带温室的植物收集对于珍稀植物保护而言至关重要，包括受威胁的特有物种（特定地点独特的物种）和一些现在在野外已灭绝的物种。这些植物在世界许多地方的科学研究和保护栖息地恢复工作中发挥着重要作用。在长达 5 年的修复过程中，最大的挑战就是需要把植物一个一个地从温室里移出来，返修完毕后再一个一个地搬回去，大约 1500 个物种的 10000 株植物临时寄存在了其他地方。

　　温带温室可以说是在植物保护工作中最耀眼的角色，在这里曾种满了重要的经济植物，如历史上用于治疗疟疾的奎宁树（又称金鸡纳树，*Cinchona officinalis*）和茶（*Camellia sinensis*），以及辉煌帝国时期最重要的殖民地植物，包括来自澳大利亚、新西兰、亚洲、非洲、中南美洲，以及部分太平洋岛屿和南欧的植物。

过去，中央温室布置了 20 个种植床：北半部 10 个，南半部 10 个，每个由砾石路径隔开。澳大利亚班克木（Australian Banksia，佛塔树），金合欢（*Acacia*）和桉树（*Eucalyptus*）散布在种植床上，此外为喜马拉雅杜鹃花保留了 10 号和 17 号种植床。大部分大型植物从纳什温室和柑橘温室转移而来。北部八角形温室主要包含从钱伯斯暖房（Chambers's Great Stove）移植而来的澳大利亚、新西兰和南非海角灌木，随后暖房被拆除；而南部的八角形温室种满了柑橘类水果的原种和栽培品种，在夏季，八角形温室的植物会被移到露台上展示（图 8-13）。

馆藏植物直到 19 世纪 90 年代后期两翼加入后进行调整。1892 年的《花园和森林》（Garden and Forest）评论赞扬了植物的自然排列方式和健康的长势，列出了软树蕨（*Balantium antarcticum*，Tree ferns）、棕榈树（*Palm*）、金合欢、锡金杜鹃花（*Sikkim rhododendron*）、山茶花（*Camellia*）、南洋杉（*Araucaria*）等明星植物。

南翼在 1897 年 7 月开放时赋名墨西哥温室，并非指植物的地理起源，而是指它们所需的温度范围，比中央区域更温暖，但比棕榈温室凉爽。威廉·杰克逊在 1908 年的关于邱园的书中写到了墨西哥温室，由衷地赞美了两组生长在岩石上的肉质植物，还有精美的南非大戟和鹤望兰以及爪哇杜鹃花。北翼，当时称为喜马拉雅温室，比中央区域冷凉，主要收集北亚植被。它于 1899 年 5 月开始开放，以杜鹃属植物为温室的重要类群。[2]

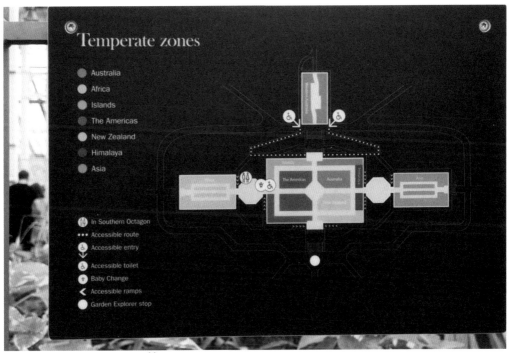

图 8-13　温带温室的平面布置 [2]

自 2013 年以来，园艺团队一直致力于将植物从温带温室搬到新建的苗圃，大型植物上盆后运送到这里。此外，一个专门建造的全新的生产温室用于温室植物培育和扩繁，以满足不断变化的植物景观展示需求。

所有植物被搬空之后，仅剩下的 7 棵植物受到原地保护，其中包括一棵树龄长达 165 年的古树，在它们周围，工作人员搭建了临时的脚手架，并穿上了"外套"，封闭的保护罩像一个黑匣子，提供临时加热和通风，内部的最低温度需要保持在 10℃ 以上，为了补偿损失的光线，每个保护罩内安装了两个高强度电灯，这些灯每隔 12 周更换一次，从而降低光照不足的风险，而传感器系统每 10 分钟为树木提供实时温度读数，以便工作人员随时关注保护罩内的微环境变化。[6][8]

多达上千棵的植物被更新的植株取代，邱园的园艺师们尝试了播种（seed）、分株、扦插、嫁接、空气压条等多种途径来进行植株更新。如此一来，植物们又拥有了足够的生长空间，而游客们终于可以近距离观赏它们的花叶，而不是高度老化的茎干。

伍德苏铁（*Encephalartos woodii*）属于苏铁科非洲铁属，是南非的特有品种，也是世界上最稀有的植物之一，野外已经灭绝，所有标本都取自该植株。邱园保存了世界上唯一的单株雄株伍德苏铁，这个号称史上"最孤独的植物"，仍然等待着在这个星球上一些未受到破坏的角落里发现一个同种的雌株（图 8-14）。[2]

图 8-14　伍德苏铁 [9]

图8-15　灰针垫花（张颖 摄）　　　　　　　图8-16　绵背菊（张颖 摄）

灰针垫花（Leucospermum conocarpodendron）是由最长寿的活种子之一播种而来，从1803年到2005年，灰针垫花的种子被藏在一个红色皮革装订的钱包里，迄今已逾200岁，目前它已安家在温带温室（图8-15）。[5]

绵背菊（Cylindrocline lorencei）隶属于菊科绵背菊属，是一种原生于毛里求斯岛的木本植物，在野外只观察到一个标本。到1990年，该物种被认为已灭绝，唯一可用的种子无法发芽。布雷斯特植物园（Brest Botanic Garden）成功地进行了种子胚胎活体部分的体外培养，使植物免于灭绝（图8-16）。通过布雷斯特和邱园的进一步繁育，已经形成了一小种群，并且努力重建其原生栖息地；此属的另外一种长序绵背菊（Cylindrocline commersonii），也是木本菊科植物，仅在毛里求斯有分布。

8.4　翻修的效果及启发

百余年的岁月洗礼，无论对于建筑还是植物，都在邱园的历史长河中留下了浓墨重彩的一笔。经过这次世纪级的修复，邱园温带温室得以重现昔日荣光，为民众展示了漫漫历史长河中作为全球植物园中最为璀璨的一颗新星。其翻修是发展的必然，但其翻修后的思考对我们有很多的启发，主要体现在以下几个方面：修旧如旧，功能提升，植物保护和贴近公众。

邱园温带温室属于历史遗迹，一级保护建筑，在建筑修复上遵循"修旧如旧"的原则，从外观上高度保留了其历史痕迹。在保障结构安全的同时，尽可能地对历史部件进行还原，而在这一过程中，完备的历史档案提供了极大的帮助，尤其值得后来者学习。

科技的发展为温室的环境控制提供了更先进的方案，因此，设施设备的更新升级往往成为翻修工作的重要组成部分，如通风、加热等装置的精细化、自动化改造，除了需要满足功能需求，更需要符合邱园对于节能减排的战略规划，在环境问题日益严峻的今天，担负起相应的社会责任。

植物的生长需要时光的沉淀，但随着时间轴的不断拉长，许多植物亦会出现不可避免的老化，导致长势衰退，结实率下降，既对观赏性产生负面影响，也对科学研究形成了挑战。邱园温带温室借翻修之际，对保育物种进行了全面的更新和梳理，高超的园艺手段为温室未来的植物保育工作提供了参考和借鉴。

邱园作为世界上著名的植物园之一，其对大众承担的社会职能包含教育和科学普及，而单靠以前简单的植物罗列种植已经吸引不了大众的兴趣，本次温室翻修的时候，在中央预留活动空间，创造了独特的活动表演场所。同时，重新规划内部景观道路，鼓励公众与植物之间的互动，更多地考虑公众的参与感和获得感。

在科技、文化高速发展的今天，温室的软硬件随着时代的发展都会涉及更新和维修，通过邱园温带温室的翻修，我们看到了继承和创新并存的必要性，继承是保护，是基础，是传承，创新是结合当今新的材料、理念和技术对其内部的园艺、结构和管理进行提升，提高其效率。邱园的案例，一方面为我们提供了宝贵的技术经验，另一方面竖立了温室通过翻修实现可持续发展的榜样。

参考文献

[1] PRICE K. Kew Guide[G]//Royal Botanic Gardens, 2014.

[2] PAYNE M. The Temperate House at the Royal Botanic Gardens, Kew. Royal Botanic Gardens , Kew Publishing. 2018.
https://wordery.com/the-temperate-house-at-the-royal-botanic-gardens-kew-michelle-payne-9781842466643?currency=USD&btrck=cGdxOGpoQkNLQmYxZUlwVHlMSVhmTGt6cysxaDdadGRtM0xwOEZ5UnhEb05GQW1qYVVvUXg5eXlqSzRRbzRLaw.

[3] Donald Insall Associates restores Victorian glasshouse at Kew Gardens [EB/OL]. [2018-06-27]. https://www.dezeen.com/2018/05/12/donald-insall-associates-architecture-restoration-kew-gardens-glasshouse-london-uk/.

[4] Out with the old, in with the Kew | London Evening Standard[EB/OL]. [2018-06-28]. https://www.standard.co.uk/lifestyle/design/kew-gardens-restoration-house-a3830721.html.

[5] GARDENS K. The Temperate House opened in 1863, although construction continued for almost 40 years. Designed by Decimus Burton, it's twice the size of our Palm House…pic.twitter.com/TCFHQGpyiG[J]. @kewgardens, 2018. https://twitter.com/kewgardens/status/992720824464494592.

[6] Restoring Kew's Temperate House - Designing Buildings Wiki[EB/OL]. [2018-06-22]. https://www.designingbuildings.co.uk/wiki/Restoring_Kew%27s_Temperate_House.

[7] WAINWRIGHT O. Temperate House, Kew review – king of greenhouses sees the light again[J]. The Guardian, 2018.
http://www.theguardian.com/artanddesign/2018/may/03/temperate-house-kew-gardens-review-king-of-greenhouses-41m-restoration.

[8] SCHOUTEN C. Right on Kew: ISG performs delicate refurb[EB/OL].[2018-07-01]. https://www.constructionnews.co.uk/projects/project-reports/right-on-kew-isg-performs-delicate-refurb/8692707.article.

[9] Kew | Welcome[EB/OL]. [2018-06-30]. https://www.kew.org/.

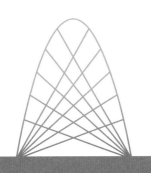

第三部分
展览温室的规律
及趋势

2005 年胡永红、黄卫昌编著的《展览温室与观赏植物》一书中第二章详细描述了展览温室的历史，包含起源、近代和现代的展览温室，并对展览温室的前景进行了展望，这是基于科学技术的进步以及对自然认识水平的基础上阐述的温室发展变化，随着时代的快速发展，科技的日新月异，特殊植物类群以及动植物结合的展览温室出现，如新加坡滨海湾花园展览温室、韩国生态馆等，此类温室的特点是围绕冷室和花园植物或植物与动物进行展陈设计。但近两年出现的展览温室更是超越了此范畴，带来了温室新的里程碑式的革新，主要是人们生活品质的要求，以及对自然和环境需求的迫切性提升，同时，政府主导的社会功能变化，更多地向博物性、多功能转变，这样就赋予了温室更多的功能和商业价值，如亚马逊星球和新加坡星耀樟宜，此类温室的特点是不仅仅围绕植物，更多地考虑人的舒适度、参与性、娱乐性等，这是把人、自然与生活，工作、休憩与娱乐相结合的新型温室展陈设计；与此相对应的还有以前的老旧展览温室由于结构材料、栽培环境和设施的陈旧导致植物不能健康生长，这一部分温室也进入翻修时代，如英国邱园的温带温室等。通过对 15 年新建或翻新展览温室的研究，我们可以探寻新时代、新形势下这些标志性展览温室带给人们的思考，以及围绕哪些关键因素来新建一个具有跨时代意义的展览温室。

第9章

展览温室的规律总结

9.1 建筑艺术与无柱大空间营造

展览温室与传统的建筑相比，是一个功能相对综合的公共建筑。主要原因有：必须为植物提供良好的生长环境和园艺师的维护空间；满足游客的安全性和舒适度；建筑本身的安全牢固。这就决定了展览温室的复杂性、综合性。就温室建筑本身而言，功能决定建筑形式，又服务于园艺和公共展览，其形式往往会演变成美学作为第一追求的目标。这从展览温室的发展历史可以得到证实。大体上，展览温室建筑形式主要有以下几类：

（1）维多利亚式，是17—18世纪的传统形式。一般会在温室的主要部分如入口或中央位置的顶部设计为半圆形的穹顶建筑。现存的代表性温室有英国的邱园棕榈温室、美国纽约植物园温室、华盛顿植物园温室。

（2）三角形斜屋顶式，为了更好地控制环境，增加光照量，把生产温室顶部结构形式应用到展览温室中来，最典型的是邱园的威尔士王妃温室、上海植物园热带植物馆、深圳仙湖植物园展览温室、布鲁克林植物园展览温室。

（3）组合式，多个不同造型温室的建筑形式，为了更好地控制环境，养护植物，把不同气候环境的植物分别种植在不同的温室中进行展示，如美国长木花园温室群、德国大莱植物园温室群、亚马逊星球。

（4）圆顶式，为大空间、无梁柱的网架建筑，能更好地种植植物，塑造环境的整体性、协调性，如英国伊甸园、威尔士植物园展览温室，美国密苏里植物园展览温室、新加坡星耀樟宜。

（5）异形结构，随着建筑材料技术的革新，21世纪出现的温室，其建筑形式更趋于表达建筑艺术，这也造就了一批不规则温室建筑的出现。如韩国的生态馆、新加坡滨海湾花园温室、上海辰山植物园展览温室等。

随着科技的发展，展览温室的建设规模越来越大，也就越来越要求展览温室内部空间实现无柱结构。温室内无柱结构的优势体现在如下几个方面：①景观的整体需要，室内空间的布置是为了再现自然的植被景观，是整体的、和谐的，试想一下，一幅美好的自然景观中间硬矗立着几个硬质结构，会造成多大的视觉欣赏障碍；②相应地增加展示面积，无论是对开展养护作业还是室内景观需求，都有一定的帮助；③相应地避免了其对光线的遮挡，更有利于植物的生长；④视觉需要，无柱结构也使整个室内空间在视觉上显得更加宽阔，减少游览时的视线遮挡。而对无柱结构需求的满足离不开展览温室建筑材料的发展，随着建筑材料性能提升，尤其是钢材、铝材及合金材料的性能大大提升，造就了现在建筑与艺术结合的温室样式。

最早的玻璃钢结构温室，如邱园的棕榈温室是邱园里最具标志性的建筑，是世界上最重要的维多利亚时代玻璃＋钢结构的建筑，全长 109m，中部宽 30m，高 20m，面积 2308m²；北京植物园展览温室也是钢结构，由高 15m 的椭球体和高 20m 的曲面扇状体两部分组成，整个建筑面积 7250m²，玻璃采用 12+12A+8 中空超白钢化玻璃。因为膜材料（ETFE），即我们常说的聚氟乙烯，能带来更多的自然光，轻型、耐腐蚀、保温性好，自清洁能力强。随着膜材料技术的发展，出现了膜覆盖＋钢结构温室建筑，最典型的代表是英国的伊甸园，温室的整体骨架是钢管构成的一个个六角形，上面覆盖着由 ETFE 制成的覆盖面板，这种 ETFE 材料是玻璃重量的 1%，厚度只有 0.5mm，使用寿命长达 25 年，而且 ETFE 材料透光、绝缘和隔热。英国的伊甸园温室有 2 组 4 个巨大蜂巢式建筑组成，分别是潮湿热带馆和温带气候馆，其中潮湿热带雨林馆面积近 16000m²，最高处达 55m，最大跨度 110m，长度 240m。温带气候植物馆面积 6600m²，最大高度 35m。由于钢铁的易腐蚀性，尤其在温室高温高湿的环境下所带来的安全隐患和人工环境控制系统的失效，出现了更高级的铝合金＋玻璃的温室建筑。因此，从 1920 年开始，随着技术的成熟，铝合金逐渐被广泛应用。如上海植物园热带植物温室，建筑材料为铝镁钛合金，且这种材料的密度为钢材的 1/3，耐锈防腐。整个建筑占地面积 5323m²，最高点 32m，顶部为三角式结构，材料屋面斜角 22.4°，屋顶为双层夹胶玻璃 5+0.76+5mm，侧墙为 6mm 的单层玻璃；上海辰山植物园展览温室是由 3 座异形的单体温室组成，温室采用单层的铝合金网壳结构，最大跨度 40m，最小跨度 3.35m，顶部为弧线形，玻璃采用 6mm 厚的双层夹胶玻璃，顶高设计有 21m、19m、16m，以满足不同类群植物生长所需空间。

9.2 更加强调奇异植物收集与展示

展览温室一个重要的功能是作为物种收集的保护、研究和展陈基地。随着人们对自然研究的深入，加上环境控制系统水平的提升，保存不同环境植物类群的能力越来越强，使得植物收集和展示的类群进一步扩大，不但丰富了植物多样性，也让游客更

图 9-2 百岁兰（曼谷九世皇公园 林琛 摄）

图 9-1 巨魔芋（西双版纳植物园 吴富川 摄）　　图 9-3 复椰子（上海辰山植物园）

多地了解植物、喜爱植物和保护植物。目前，收集和展示的植物更趋于专类植物，尤其是奇异或观赏性高的植物类群。如辰山植物园收集展示的食虫植物，是自然界的奇异植物类群，通过消化动物蛋白来补充自身的营养；如日本松江花鸟园展示的秋海棠苦苣苔类植物，充分利用温室的顶层空间，展示花色、叶色丰富的植物类群，尤以秋海棠、苦苣苔为主，打造顶级视觉盛宴；如纽约植物园展览温室收集展示的树萝卜属植物，树萝卜为杜鹃花科高海拔植物，花奇特，因栽培难度高很少进入大众视野。同时，温室植物的收集和展示还关注同色（花色或叶色）、同地区或同海拔的植物，这对温室环境控制水平提出了更高的要求，如长木花园的银色花园、德国柏林大莱植物园的南非和地中海植物区、邱园的高山温室、新加坡滨海湾花园的冷室等。还有很多的温室旗舰植物展示，使植物突破了地域的限制，从原生地进入大众的视野，如西双版纳植物园展示的巨魔芋（图 9-1）、曼谷九世皇公园的百岁兰（图 9-2），以及上海辰山植物园的复椰子（图 9-3）等。

9.3 更加体现生物多样性的动植物结合展示

以前的温室更多地关注植物多样性，随着社会和人们需求的变化，现在也开始逐渐关注生物多样性，把自然生态系统通过典型的动植物等表现出来。整体分为两类：一类是动植物长久的结合，即在温室展示植物的同时，配合展示同地区的动物类群。这类主要以韩国生态馆为主要代表，生态馆共收集展示各种气候带的代表植物1900多种，动物230多种。加拿大的自然生态馆（Biodome）也是这种形式。该馆位于蒙特利尔市的奥林匹克公园内，全年接待游客约80万人。全馆模拟热带雨林、常绿森林、圣劳伦斯河海洋生态与极地圈四部分，分别代表热带、亚热带、温带和寒带4个不同的生态区，同时又结合了动物园、植物园和水族馆这三种特色，每一展示区的气候都是模拟实际的气候，同时也以灯光控制日照时间，让馆中的动植物生活在熟悉的环境，不受季节的限制，游客足不出馆就能感受到全球的生态环境（图9-4）。还有一类是在温室里季节性举行动物展示活动，如观察蝴蝶/蛾的生活史，即从卵、幼虫、蛹/茧、成虫的过程，这样可以让更多的人了解其生活习惯，从而激发更多的人去关爱和关注不断被破坏的自然（图9-5）。

图9-4 加拿大的自然生态馆[1]

图 9-5 上海自然博物馆蝴蝶房的绿尾大蚕蛾生活史（上海自然博物馆 刘楠摄）

9.4 满足人的多重需求的社会功能

文明不断前行，社会不断变革，21世纪是信息大爆炸的时代，也是焦虑蔓延的时代，人们对精神生活的建设更为重视，对科学知识的渴望更为迫切。最初供上层社会猎奇娱乐的温室，已逐步开始服务于普通公民。

首先，温室展示的往往是在当地自然条件下无法生长的，生境特殊、形态奇特、有背景故事或文化内涵的异域植物，以满足人们的猎奇心理，从而激发起对大自然的热爱和兴趣。

其次，随着生态学研究的发展，人们对动物、植物、环境系统之间的关系认识越来越深入，作为接触自然，普及科学知识的重要场所，动植物结合的展示方法也越来越普及。温室也从自然群落的再造，演变成生态多样性的重演。方便人们更近距离地体验生态系统的演化过程。

此外，温室从最初的简单的收集，从静态的展示，发展为动态、系统地呈现，迈过了漫长的发展道路，到如今人们的社会活动逐渐融入其中。温室将成为公民日常生活中不可或缺的组成部分，一个充满自然气息，又不受风吹、日晒、雨淋的绝佳活动场所。

1. 冷餐会

2014 年 2 月 14 日，恰逢西方情人节和中国传统元宵节双节合一，辰山植物园以"那些年，我们父母的爱情"为主题，举办浪漫元宵情人节专场活动。当夕阳西下，夜幕降临，展览温室悄然披上了一件绚丽多彩的霓虹外衣，各种奇花异草在五彩斑斓的 LED 灯光映衬下显得如童话般美丽（图 9-6）。

长木花园展览温室主展厅除了日常的花艺展示外，还进行冷餐会活动，在自然和鲜花的美景下，品尝美食，美哉乐哉（图 9-7）。

图 9-6　辰山植物园 2014 年浪漫元宵情人夜（沈戚懿、汪韵杰 摄）

图 9-7　长木温室冷餐会（长木花园 摄）

2. 婚庆

在展览温室里举行社交活动也逐渐成为一种时尚，一定程度上体现了大家对自然的热爱和对生活品质的追求。芝加哥植物展览温室提供一项温室婚礼的活动，很受大家的喜爱（图9-8）。

3. 社会活动

上海辰山植物园在规划设计之初，就在三大温室中的热带花果馆预留了棕榈草坪，与风情花园、山谷溪涧等在景观上相辅相成，又形成差异化的对比，更重要的是，为后续的温室活动提供了重要的场地。每年的重要节日，辰山植物园利用温室棕榈草坪，开展了众多的经典活动。

2015年9月30日，在中法建交51周年之际，由上海辰山植物园与法国香农植物园携手举办，主题为"臻萃法国·果绘艺术"的辰山秋韵·法国苹果艺术节在辰山植物园热带花果馆内盛大开幕（图9-9）。借助于艺术化的苹果，不仅给市民游客一睹法国文化、艺术与生活方式的机会，而且对于促进两国文化交流与合作有着积极的意义。

图9-8　芝加哥植物展览温室婚礼[2]

图9-9　2015年苹果艺术节开幕式（沈戚懿 摄）

9.5 注重基于互联网和大数据时代的智能化

随着科技的进步，人们审美与需求的改变以及功能多样性的转变，出现了越来越复杂的温室建筑形式，越来越多的温室展示主题，不同的展示主题代表着展示不同类群的植物，不同类群的植物其生存环境不一定相同。因此，首先必须确定哪些植物类群能够在类似的环境中生存；其次，对不同的生存环境进行独立控制，这样才能确保营造植物健康生长的环境。不同的环境控制涉及空气温度调控、相对湿度调控、通风调控、光照调控、CO_2调控、土壤温湿度调控等，一套成熟的环境自动控制是通过监测温室内温湿度和土壤环境指标，通过以上各因子的调控使环境始终保持在适宜植物生长的控制范围，从而保证植物的健康生长。同时，环境自动控制需要尽可能提高室内光合作用速率，降低呼吸作用速率，协调植物蒸腾作用、同化作用和CO_2分布，从而使植物将光合作用的产物转为干物质存储，植物才会表现出旺盛的生长态势。温室自动控制系统包括：

1. 内环境温度控制：空调系统、供暖系统、自然通风开窗系统、遮荫系统、喷雾系统、竖直机械排风系统。
2. 相对湿度控制：高空高压喷雾、高压喷雾适量、水溪、瀑布及人工灌溉等。
3. CO_2控制：自然通风开窗系统、空调系统、水平循环风机系统。
4. 光照控制：补光系统、遮荫系统。
5. 通风控制：自然通风开窗系统、水平循环风机系统、竖直机械排风系统、地源热泵的送排风系统。
6. 土壤温湿度控制：灌溉系统、土壤加温系统等。

不同类群的植物对环境的需求是不一样的，这就需要了解温室所要展示的植物类群，根据类群来确定环境调控影响控制因子，这样才能让所有为环境服务的各因子调控系统如遮阳、通风、喷雾、加温等都能按需求运转（表9-1）。

不同植物类群所需的气候 表9-1

植物类群	气候类型	原产地气候条件
热带雨林	阴凉、高湿、高温	平均温度为25～30℃；年降水量通常超过2000mm；空气相对湿度80%以上；深厚、肥沃的土壤；光照在40000lx
多肉植物	中高温、干旱、喜光	温度30℃以上，昼夜温差大；湿度30%～60%；排水良好的沙质土；光照20000～40000lx
食虫植物	中温、潮湿、散射光	平均温度18～25℃；湿度85%～95%；肥厚的腐殖土；光照在10000lx以下

植物类群	气候类型	原产地气候条件
经济植物	中温、喜光	平均温度 18~30℃；湿度 55%~65%；深厚、肥沃的土壤；光照 20000-40000lx
棕榈植物	温暖、湿润、喜光	平均温度 20~30℃；湿度 70%~75%；透气性强，肥沃的土壤；光照 40000lx 左右
萌生植物	高湿、弱光	湿度 85%~95%；肥沃的浅层腐殖土；光照在 10000lx 以下

参考文献

[1] http://blog.sina.com.cn/s/blog_61d368260102xrv1.html.

[2] https://www.bbg.org/visit/event_spaces_photo_gallery.

第 10 章
展览温室的未来趋势及建设思路

10.1　展览温室的未来趋势

伴随着全球城市化进程的持续推进，一系列生态环境问题日益凸显，制约着城市的进一步发展和价值提升。如今，人们越来越渴望回归自然、亲近自然，过去单纯设立于某特定场所（植物园）、仅用于植物收集展示和科学研究的展览温室已不能满足大众的需求，更多的要求生物多样性与科学普及性、景观群落性与生境自然性、功能多样性与文化多元性等，越来越倾向于融合园艺、自然、人文、生态、科技和社会等多元素、多功能的新时代展览温室。

21 世纪以来，随着城市的多元化、多功能发展，人们高品质生活的需求，越来越多的人期望在城市中心能够欣赏到自然，欣赏到全球不同气候的植被和生物多样性。因此，全球很多国家的中心城市不断涌现出一个个新的展览温室，并且建设的主体从植物园等科研机构拓展到所倡导建设城市公园的政府以及自然办公的企业等，建设的功能从满足科研科普需求到融合园艺、人文、自然、生态、博物等形式的全方位多功能展示，建设的区域也从偏远地区向中心城市转移。目前，新时代所建成的很多温室都有其自身鲜明的特色，其中部分还成为当地的标志性建筑，并具有全球影响力，比如新加坡滨海湾花园展览温室、韩国国立生态园的生态馆、亚马逊星球、新加坡星耀樟宜等。这些知名展览温室的共同特征是规模较大，多为组合式，植物种类丰富且景观奇特，生物多样性高，采用最为先进的建筑和节能技术，基本实现了温室的智能自动化控制。所有这些新现代温室的基本特征，同时也预示了未来展览温室的发展趋势。

10.1.1　植物更奇特

植物一直是展览温室展示的主体，无论建筑是何等的新颖、独特，追根溯源是为植物服务，营造一个舒适健康的生长环境。同时植物在展览温室的展示也是随着时代的进步，人们对其认识和需求的变化是不断发展的。从最早的柑橘温室到后来的热带雨林温室、多肉植物、专类植物温室等，展示的不仅仅是丰富的植物类群，更有某些奇特奇异的特色植物。因此，一方面表现为植物多样性展示，如英国皇家植物园邱园棕榈温室收集展示棕榈科和苏铁科高大植物974种，热带温室的兰花植物区收集了370属，3750个分类单位，9500株兰花，温带植物温室收集1666种亚热带植物；英国伊甸园温室从2000年9月开始种植植物，到2001年3月开园展示植物1000多种；美国长木公园展览温室收集展示植物5500种；加拿大蒙特利尔植物园展览温室收集展示世界各地植物12000种（含品种）。另一方面，人们也在寻找植物背后的故事内涵，挖掘那些与人类有千丝万缕关系的植物知识。如百岁兰，世界多肉植物里唯一的裸子植物，也是最长寿的植物之一，雌雄异株，一生只长两片叶子，从中间生长点生长，两端慢慢枯萎，其独特的习性吸引了全世界人的目光，目前保育最好、栽培最好的在德国大莱植物园温室；复椰子，世界上最大的植物种子，是塞舌尔特有的棕榈植物，其长相很像妇女的臀部，也叫臀型椰子，在原产国被誉为"爱情之果"；巨魔芋，世界上最大的花，开花直径超过1m，高可达3m，花开时可发出难闻的腐臭味，等。

10.1.2　博物性展示

展览温室的展示形式也是随着技术的发展和人们的需求而逐步丰富化、多元化。一方面，植物＋景观＋特色的展示形式是温室展示的主体，可以说世界上绝大多数的展览温室都是采用这一形式，不同的是内涵、景观和科普。那些著名的展览温室展示丰富多样的植物种类，通过科学的配置手段，形成自然优美的景色让人流连忘返。如邱园威尔士王妃温室，采用了最先进的电脑控制系统，创造了从干旱到湿热带的10个气候区，以满足不同气候类型植物的生长，根据收集的植物种类确定布置主题，依据空间布局和植株高度、花、果、干等观赏特性不同，按自然生长状态布置。上层为高大的榕树类植物，下层主要为有着迷人叶片和可耐受低光照的竹芋，同时配置丰富的非洲紫罗兰和秋海棠品种，树上附生龟背竹，树冠上部生长凤梨类植物。另外，搭配香蕉、菠萝、胡椒和姜科植物，创造出颇具特色的热带雨林区景观，可以说是科学与艺术的结晶。同时，在布展形式上也是独具匠心，如纽约植物园温室在20世纪90年代维修之后，植物配置采取新的布展方式，根据植物实际在自然界露地生长的情形种植，并将温室所有的永久性展示合在一起，称之为"植物世界"，游客可在短时间内跨越地球上的生态系统，从低地到山地热带雨林，从非洲的沙漠到美洲的荒漠。每间的植物景观都尽可能遵循自然的生长形式，如地上倒伏的大树，上面还生长着许多附生的蕨类植物等，让游客欣赏和认识整个植物及其生长环境。在内容设置上别出心裁，想方设法来吸引游人的兴趣。如意大利博洛尼亚植物园将现代植物与考古学中发掘的出土文物有关的内容一起展出；意大利奥托纳一大学植物园温室专门展出低等植物，这在全世界是极少见的；邱园热带温室中的沙生植物区突出表现美国西南部沙漠地带干石砾景观。另一方面，随着人们需求的转变和对生态环境认识的加深，认为只有良好的生态系统才能保证植物健康的繁衍。因此，温室的展示形式朝着关注自然、关注环境变化等方面发展。如加拿大的万象馆展示相同生境下的动物，且种类丰富，达到 229 种之多，这样让更多的人了解地球生态系统下植物和动物的协同发展，在病虫害处理方面，也引入了天敌进行生物防治，这有效促进了整个生态链的可持续性。滨海湾花园的地下体验室播放的科普片《+5 Degrees》和《绿色世界》（Green World）是介绍当地球温度上升 5℃带来的灾难以及人参与环境保护带来的积极作用。当然，也有一些温室利用其特殊的空间进行季节性的动物展示活动，如饲养蝴蝶。一般蝴蝶的生命周期为 1 个月左右，在此期间，栽培一些蜜源植物，为蝴蝶提供充足的食物，从而让参观的游客都能了解蝴蝶的生活史，以及蝴蝶依靠什么来进行觅食的等等。这些很好地吸引了游客，同时也普及了很多相关的科学知识。

10.1.3　功能多样化

几个世纪以来，展览温室经过"为植物保存营建——上流社会享用——植物保护研究——科普展览——创新发展生态展览温室"的发展历程，这说明随着人类对自然认识水平的提高，以及文化、技术的发展，展览温室的功能也在不断变化，现今的展览温室已经不仅仅是用于植物多样性、植物生境等的展示，而是一个包容万象的生态博物馆，是社会功能多样化的公民活动场所。

过去单纯的农业生产温室可以与旅游业结合，升级为新型的农村观光、生态餐厅、亲子采摘等项目。展览温室同样将开启升华的旅程，不再局限于植物园、研究机构的物种保育和科普，而是呈现出越来越多的功能，包括演出、宴会等偶发的社会性活动，也包括为办公、日常餐饮等常规性活动提供优雅的环境。随着社会发展和技术、材料的更新换代，建设成本将逐渐降低，而需求却不断增加，温室的建设和应用范围将得到极大的扩展，它可能出现在城市公园、主题游乐园、动物园，甚至是时尚活动、商务办公等场所，满足市民更为广泛的需求。

1.　演出活动

长木花园展览温室主展厅拥有下沉的大理石地面，通常作一些园艺展示，如圣诞展、菊花展等，有时也可被水淹没以求倒映效果，有时借助此场地进行特殊的表演活动，如邀请布莱梅奖的获得者来在此表演，在如画的美景中享受情感的交流，这不得不说是一种超奢华的享受（图 10-1、图 10-2）。

图 10-1　长木花园的园艺展示（杨庆华 摄）

图 10-2　长木花园的音乐表演（Longwood Gardens Announces 2018-2019 Performance Series ...）

图 10-3　2016 年中秋节辰山热带花果温室小提琴表演（沈养儒 摄）

　　2016 年中秋节恰逢辰山植物园睡莲展期间，为丰富园区活动内容，让前来参观上海辰山植物园的游客朋友们在观赏睡莲以及其他珍奇植物的同时，结合高雅的音乐演出，享受一次视觉与听觉上绝妙盛宴，园方邀请了小提琴表演团体在展览温室的热带花果馆内棕榈大草坪上演奏音乐，受到来园游客的一致好评。轻缓典雅的音乐缓缓流出，让无数赏花赏草赏风景的人们驻足欣赏，沉醉其中，放松心情，陶冶情操。不仅丰富了游园内容，为游客游园带来一份惊喜，更增加辰山植物园的艺术氛围，提升了游客们的艺术品位，为高雅艺术走进大自然，走进生活搭建了平台（图 10-3）。

2. 社交活动

　　2018 年 4 月 6 日，以"生态文明与诗意生活"为主题的"第四届上海国际兰展·辰山对话"讲坛在辰山植物园举行。央视《中国成语大会》《中国诗词大会》著名点评嘉宾蒙曼，上海市社会科学创新研究基地首席专家、博士、研究员王慧敏，被誉为"复旦大学哲学小王子"的哲学院副教授郁喆隽，上海市园林系统引进的第一位园林专业博士、现任辰山植物园执行园长的胡永红博士，在沪上知名主持人曹可凡的主持下，齐聚辰山植物园展览温室，结合各自的研究领域，与现场观众分享了他们对自然、对人生的思考（图 10-4）。

图 10-4　2018 年兰花文化名人讲坛（杨庆华 摄）

图 10-5　兰之夜，话金融（辰山 摄）

　　2013 年 3 月 29 日到 4 月 22 日，新民晚报首届上海国际兰展在上海辰山植物园举行，在游客踏青、赏花、赏美景的同时，也举办了"新民兰之夜，共话金融城"的社交活动（图 10-5）。活动邀请沪上各路财经金融系统知名人士（来自建设银行上海分行、中信银行上海分行、广发银行上海分行等）和文化体育界知名人士（知名表演艺术家秦怡、焦晃、杨澜、宋忆宁，滑稽表演艺术家王汝刚，著名篮球明星姚明、田径教练孙海平和游泳名将乐靖宜）在上海辰山植物园赏兰鉴兰的同时，一起见证了《陆家嘴金融城》周刊的诞生。

10.1.4　更加智能化

　　随着技术的进步，材料的日新月异，温室的控制越来越趋向于智能化，无论是对于光照、温度还是湿度的调节，精准化、智能化都是一个大趋势，系统的控制不再仅仅依赖于人们的既往经验，也无须过多的人为干预，而是对实时环境条件进行动态监测，利用设备系统本身的自学习算法，根据运行过程中的经验不断进行调整，以确保系统响应"真实世界"的条件，降低人工成本，减少人为误差。系统控制的原理是利用系统本身的感应元件，来监测周围的环境条件，及时传输到电脑控制系统，再通过

系统发出指令来协调各个子系统的运行，如
当温感温度低于18℃，控制系统就会控制加
温系统启动，或当展馆光照超过2万～3万lx
时，遮阳系统就会根据太阳的角度针对性启
动遮阳等。

新加坡滨海湾花园温室花穹的控制系统
在各个区域都设置了典型的具有温度、湿度
和光水平感测的环境测量站，传感器将信息
反馈给每个冷室内的控制室以及能源中心的
中央控制室（图10-6）。全自动的建筑管理
系统（BMS）控制着所有的监测设备和管理
设备。

图10-6　新加坡花穹环境感应装置（王昕彦 摄）

10.1.5　植物与文化的有机融合

在植物与人类协同发展的今天，人们更注重植物的生态效应，如何在有限的空间
和植物材料选择上去创造更深层的文化背景，是每个设计者都必须要解决的问题。上
海辰山植物园展览温室在热带花果馆中就充分展示了少数民族傣族如何利用植物来传
承他们的文化，其中最典型的植物是贝叶棕。贝叶棕属棕榈科贝叶棕属常绿乔木，原
产缅甸、印度及斯里兰卡。叶宽大、坚韧，古印度用其叶刻经文，称"贝叶经"，保
存数百年而不腐烂，为小乘佛教礼仪树种。据说贝叶棕还是东南亚地区文化的传播者。
很早以前，东南亚人民就开创了用贝叶棕的巨大叶片来记录自己民族的文字，因此东
南亚文化在历史上有"绿叶文化"之称。西双版纳的傣族信奉小乘佛教，佛寺院内种
植的贝叶棕，据研究，是随着小乘佛教的传播，由印度经缅甸而被引入的，至今已有
700多年的历史了。西双版纳的傣族人民同东南亚地区人民一样，很早就有用贝叶代
"纸"记录自己民族文化的历史。他们把剑形的贝叶叶片经过简单的加工：修整、压平、
水煮、晒干，然后装订成册，用特制"铁笔"就可在上面流利刻写文字了，刻完后涂
上植物油，叶面上就出现清晰的字迹。贝叶经久耐用，使用次数的增加不但不会褪色
反而能使字迹越来越清楚，现存百年之久的贝叶经仍字字清晰可辨。因此，贝叶棕在
文化方面有着重要的价值，记录着傣族、东南亚人民悠久的历史和灿烂的文化。

10.1.6　体验式的探索互动

在人类社会发展的今天，温室的展示形式已经不仅仅局限于对植物、群落、生境

的了解，更多的是对整个生态系统以及其文化特色的理解，如植物、动物、人类、地域文化几者之间的相互关联。由于室内场馆空间的有限，并不可能把自然带回家。因此，往往通过借助一些高新技术或灯光等，来一场视觉的饕餮大餐。一般体验式的探索有：

1. 通过声光电的设施设备，再借助一些植物模型或场景模拟，进行体验式互动，激发人类去探索自然，并在发现、创造中享受乐趣。如在展馆中，如何感受自然多变的天气，可以借助现代的科技手段，制造自然界的电闪雷鸣和暴雨倾盆的声音，让人仿佛置身于原始生境；再如邱园设计了一个针对 3 ~ 11 岁儿童的探索游戏，名为攀爬架（Climbers and Creepers），里面有食虫植物的大模型：有猪笼草形状的滑梯，有模仿匍匐植物的设施，有食草动物区。其目的是表达：一是植物和动物是相互依赖的；二是植物、动物和人类的相互作用对三者的生存都是至关重要的。在这里，所有的植物都被放大了数倍，孩子们可以把自己想象为"昆虫"，在其中穿梭，了解花朵的结构，攀爬到植物模型上了解传播授粉的过程等。

2. 借助独特的多媒体展示形式，将艺术、科技和自然界等融为一体，如梦如幻，使得游客体验不一样的光影世界。如日本的御船山乐园通过灯光装置被设计出了令人目不暇接的艺术作品，每一个作品被冠以一个好听的名字。如"光影森林"，通过灯光投射樱树，像是树在呼吸一样，忽明忽暗，奇特的是光芒的颜色随着观赏者的远近发生变化并且伴随着特别的声音，还能放射状传递到附近的树木；如"水上绘画"，通过在池塘放置灯光设备，设计出栩栩如生的鱼群，围绕着小船不断聚集或作鸟兽散，这些鱼群会变成一束束光，在水面留下动人优雅的线条，相互交织，形成一幅色彩斑斓的画作；如"花开花落"，在一块长满苔藓的巨石上，通过灯光展现出花朵不断盛开、散落的过程。

3. 借助网络三维虚拟展馆（VRP-MUSEUM）即互联网＋三维虚拟技术＋多人在线＋展馆的形式进行情景再现虚拟展示，是一种将展馆、陈列品以及临时展品移植到互联网上进行展示、宣传与教育的三维互动体验。它将传统展馆与互联网和三维虚拟技术结合，打破了时间与空间的限制，最大化地提升了现实展馆及展品的宣传效果与社会价值，使得公众通过互联网即能真实感受展馆及展品，并能在线参与各种互动体验。

10.2 未来展览温室的建设思路

在总结规律、了解未来展览温室发展方向的基础上，如何新建一个顺应时代需求、具有全球影响力的展览温室，是需要进一步考虑和解决的问题。新建展览温室是一项集园艺、设计、艺术和建筑等多学科交叉应用的系统性工程，从前期的方案设计、植物筛选种植和景观设计，再到后期的水电工程，每个环节都将经历从宏观到微观不断深入，反复进行细节推敲与雕琢的过程。而贯穿整个过程的指导性建设思路，包括SWOT分析、温室定位、需求调研与分析，以及设计理念等，将在很大程度上决定着新展览温室建设的成败。

10.2.1　SWOT分析

在新展览温室的方案设计初期，建议首先进行一次全面、深入的SWOT分析，对新建展览温室的地理位置、交通、气候环境、技术水平和公众需求，乃至资金成本和时间节点等限制因素进行综合考虑，以便有效利用资源和优势，有针对性地排除障碍、克服劣势。通常，宜选取地理位置优越、交通便捷、外部气候环境便于内部控制、公众需求旺盛的区域来建设展览温室，并配备一支专业和技术实力较强、能运用最先进科技成果的团队。

10.2.2　需求调研与分析

展览温室的建设应始终围绕"以人为本"的原则，因此，设计方案应紧密围绕一定范围内公众的普遍需求来进行整体构思。开展市场调研能通过样本数据统计和分析较为准确地了解公众真实的需求。调研的形式可以多种多样，但建议涵盖调研人员基本信息、展览温室的主题风格、功能需求和服务需求等内容，以便通过调研结果分析为展览温室的建设提供参考性意见。

10.2.3　温室定位

新温室的整体定位应集中体现时代性、领先性、生态性和可持续性的原则。具体包括以下方面的定位及其建议：温室的功能，包括主题观光、文艺演出、社交活动、办公会议、娱乐休闲和科普教育等多重功能；温室的类型，通过模拟多种自然生境，展示特色动植物，并实现温室环境的智能自动化控制；室内的布展，力求景观奇特，采用主题布展结合互动式科普的形式；建筑设计，通过新颖的建筑形式成为地标建筑和景观亮点；建筑结构，具备一定规模，突出显示大跨度、大空间的结构特点；建筑技术，运用新材料、新能源和新科技实现节能环保。

10.2.4 设计思考

未来展览温室的设计应结合其定位，重点围绕建筑、景观、环控、科普故事和功能这五方面的内容。

第一，在建筑方面，既要因地适宜，又要不乏创新。温室的规模和高度是直接影响资金投入的因素，需要综合前期的 SWOT 分析、需求调研分析，同时兼顾展示不同的植物类群，环境的可控性，植物的易栽培和易养护性，来确定合适的规模和高度，进而确定温室的出入口数量；建筑形式最能体现其地标性，但同时应尽量简洁大方，满足易建造和易维护等要求，并结合现场地形，与周边环境相协调；组合式的展览温室是未来建设趋势，游客的游览路线能更加合理、便捷；在结构与覆盖材料的选取时，关键应保证内部植物生长的光照需求，可借鉴上海辰山植物园，选用单层的铝合金网壳结构和双层夹胶玻璃，或参考英国伊甸园项目，采用节能材料 EFTT。

第二，在景观方面，可参照上海辰山植物园，进行自然的再造。首先确定温室的展示主题，再根据环境的相似性结合各专类植物进行展示，通过植物种类的合理筛选、精湛的园艺技术和绝美的景观设计，为游客呈现一种超凡脱俗、亲近自然的奇妙体验；在整体布局时，要充分考虑游览线路的故事线和不同时段参观游线规划；宜充分利用竖向空间，进行多层次的布展和游线规划。

第三，环控方面的设计，可重点借鉴新加坡滨海湾花园。温室的环境控制极为复杂和精细，其关键是营造利用自然、模拟自然的人工气候环境，新展览温室如包含多个内部生境不同的独立单体温室，则宜采用独立分区的智能环境控制系统，自动调整与启动各种设备装置，来调节温度、湿度、光照和通风等条件；在温室内环境控制良好的前提下，综合考量能源的高效利用，尽量选用可循环再生的清洁能源，坚持可持续发展原则。

第四，科普故事，温室的故事线很多，其中也包含一些动听故事，如树蕨与恐龙，蕨类起源于奥陶纪，繁盛于侏罗纪，与当时的恐龙并称植物界、动物界的霸主，但由于地质的变化，第四纪冰川运动，导致环境彻底发生改变，恐龙也随即灭亡，但树蕨（桫椤）一些种类却保存了下来，成为当时历史的见证。还有一些植物发现之旅，沿游览线路，种植一些以科学家命名的植物，从而重温当时的植物发现过程。

第五，在功能设计方面，基于未来展览温室功能的多样性，既可参考韩国国立生态馆，设计为动植物结合展示、包容万象的生态博物馆；又可参照美国长木花园和上海辰山植物园，在温室内举办各类演出、餐饮和社交活动；还可借鉴亚马逊星球，将展览温室与办公场所进行创新性地结合，为员工打造大自然包围的新型办公空间。将这些功能有机地结合起来，集多重功能于一体，是未来展览温室的一大亮点。

10.2.5　展示主题

　　纵观世界著名展览温室的展示主题（表 10-1），可以分析得出热带雨林、沙生植物、专类植物（凤梨、兰花、食虫）、地域特色如地中海气候所占的比例均超过 60%，经济植物、棕榈植物和四季花园占到 50%。由此可以建议新建的温室群围绕热带雨林、多肉世界、云之花园三个主题进行针对性的布置，然后在各主题下，可以根据生境的相似性结合专类植物进行展示，也可以根据垂直空间和立体展示进行多功能活动演出。

　　热带雨林温室巧妙地利用热带奇特植物来着力表现板根、独木成林、绞杀缠绕、老茎生花等热带雨林特有的现象。同时，借助假山、桥、汀步、景观喷雾、水溪等硬质结构来营造丰富多变的竖向空间，体现自然秘境的蜿蜒曲折，同时为植物的移步换景提供尺度；在植物筛选方面，骨架植物以有支柱根或气生根的桑科榕属、露兜树科露兜树为主，在配置温室一些旗舰植物如菩提树、见血封喉等，中下层和地被着力表现雨林的林下植被，如蕨类、附生的球兰、姜类、花烛、红掌等。在特定的假日可配合展示自然灵动的蝴蝶。

　　多肉世界温室营造视野开阔、古道大漠的景观特色，展现植物在极端干旱和强光下对环境适应的变异及其坚韧的生命。以南美、非洲多肉多浆及其他沙生植物为主体，模拟热带荒漠植物林的概念，让人畅游在奇异的多肉世界；同时，借助营造的热带荒漠景观来展示此类生境中的爬行类动物，通过狭窄的通道让游人体验动物与荒漠生境的共存关系。

　　云之花园温室将模拟温带和亚热带气候类型，一小部分空间为展示热带棕榈植物准备，配合地被季节性花卉，呈现色彩斑斓和跳跃的热带风情。同时，很大的一部分空间用于展示附生的植物世界。首先充分预留地面空间，着力强化垂直空间的利用率，借助有限的支撑点着力打造"树"上的景观空间，通过基础的塑石、空中栈道、树冠横展的植物营造一个空中的森林群落，其上主要种植兰花、凤梨、球兰等附生植物；其次，树下的空间由永久性植物和季节性变化的植物混合而成，主要包括秋海棠和各种悬吊植物，植物的选择依据其自然最佳观赏期，每年按节日、季节变换并结合旅游高峰进行新品花卉布置。同时，充分利用预留的公共大尺度空间，打造最新园艺和科技成果相结合的花世界，配备多功能活动中心，在花团锦簇、姹紫嫣红的展览背景下带给人们梦幻和难忘的体验。并配合展示一些水禽类动物。

　　进一步反思选择这 3 个主题以及室内展陈的原因是：

　　（1）亚洲是北半球温带区域的一个代表，因此选择这 3 个主题是最佳选择，这个从世界温室主题展示比例的调研中也可以看出，热带雨林是地球之肺，是整个生态系统最为完备的生物链，因此展示雨林植物及其相关的生态系统，是对人类认识自然、

表10-1

调研展览温室的布展主题

序号	地区	世界温室	热带雨林	高山/极地植物	经济植物	棕榈植物	四季花卉	沙生植物	专类植物									地域特色	动物展示
									兰花	凤梨	食虫	球根	水生	蕨类	天南星科	秋海棠科	苦苣苔科		
1	中国	上海植物园展览温室	☆		☆	☆		☆	☆	☆	☆								
2	中国	上海辰山植物园展览温室	☆		☆	☆	☆	☆	☆	☆	☆			☆				☆	☆
3	中国	北京植物园展览温室	☆				☆	☆	☆	☆	☆								
4	中国	华南植物园展览温室	☆	☆				☆	☆	☆	☆		☆						
5	新加坡	滨海湾花园展览温室		☆	☆		☆	☆	☆	☆				☆				☆	
6	英国	伊甸园	☆		☆	☆			☆										
7	美国	长木花园展览温室			☆	☆	☆	☆	☆	☆	☆		☆	☆	☆			☆	
8	韩国	生态园	☆	☆				☆										☆	☆
		所占比例	75%	38%	50%	50%	50%	75%	88%	75%	63%	0%	25%	38%	13%	0%	0%	63%	25%

热爱自然、惊叹自然的最好诠释；多肉植物是自然选择的结果，环境的恶化，水源的匮乏，导致植物赖以生存环境的丧失，很大部分的植物死亡，只有一部分通过自身器官的变异适应恶劣的环境，从而生存繁衍下来，通过这部分的展示，让人类了解植物的生存法则。云之花园是通过园艺的技术手段让人们欣赏姹紫嫣红的花花世界，满足游客畅玩、游乐的兴趣。

（2）展览温室未来的发展已经不单单是植物、生境和景观的展示，更多的融合商业的元素，诸如派对、冷餐会、表演等活动在此类环境下举行，无疑是对人们传统思维的一个冲击。新加坡新耀樟宜的建成无疑是最有说服力的证据，展览温室变成一个商业综合体的一个有机组成部分，作为游客中转的休闲服务活动平台，可以为公众提供更多的舒适享受，也会是今后温室乃至新的商业模式可持续发展的一个发动机。

（3）展览温室跨植物的商业结合模式可以说是一个大的 IP，可以吸引公众的注意力，一方面可以聚焦服务于商业中心，另一方面方便游客，形成游、玩、乐、学、购、食、住等多综合体的经营模式。

10.2.6 展示形式

温室是随着社会需求的发展而产生的，从最初贵族收集珍奇果木、药用和经济作物开始，后慢慢发展成为营造生境群落的植物保育展示，再到后来的博物性展示和科普教育相结合。可见，温室展示形式和展示内容是不断丰富和多元化。但单纯的植物展示以及没有变化感往往会产生视觉疲劳，很难引起人们对植物的关注度，更难激发大家爱护自然保护自然的热情。因此，展览温室的展示需要结合策划，增加展示的色彩感、变化感、新颖感、文化融入和科普研究。通常可以有几种形式：①季节性展示，为丰富温室的展示效果，更多地突出时间、色彩、花卉元素，可以根据季节进行布置，如长木花园、辰山植物园和威斯利花园的季节性展示；②专题展示，可以在温室内展示不同的专题植物，增加色彩感、立体感，如杜鹃展示、秋海棠展示；③文化融入，蕨类与恐龙的依存关系，贝叶棕与傣族人民的文化纽带；④科普知识，大家所关注的菩提子和菩提树的关系等。

季节性展示以长木花园为例，其全年计划主要有 1～3 月份的兰花盛会、5 月份的百合展、8～9 月份的水生植物展示、10～11 月的菊花展、12～1 月的圣诞展。

1. 兰花展

长木花园兰花布展分为两类：一类是长木花园自身有一个独立可控的环境，每天保证约有 500 株兰花盛开供游人拍照观赏，为了确保这些兰花如期布展，长木花园为兰花配备了 5 间不同环境的生产温室。长木花园现收集兰花 2500 种（品种）约 9000

盆。另一类是每年圣诞节即一年一度的兰花大展，长木花园每年从专业苗圃购得并以各种独特的方式进行展示。兰花树是将兰花种植到球状构造体上，吊到能使大型花盆升降的柱子上，形成树状的外观，兰花的根被包裹到水藓中以保持湿度。兰花柱和兰花拱门都是把兰花绑扎在固定的模型上，总体形成不同层次，不同造型的兰花展（图10-7）。通常一个兰花柱需要布展兰花500盆左右，兰花拱门需要1000盆左右。兰花吊篮也以类似的方式悬挂到人行道上方，这样游客可以从头顶上方观赏它们。另外，把兰花如大花蕙兰品种放到季节性展区种植床上与其他植物形成对比，使兰花外形更加美观。

2. 百合展

长木花园的Lilytopia百合展一般在5月份左右，为期10天，主要展出荷兰杂交的最新百合品种，1万多株。百合展既有盆栽的百合，也有鲜切花，利用百合组成各种造型，如在草坪上做成像花束一样的切花百合造型、在特殊的位置摆放圆柱形的百合造型、在行走的道路上做成婚礼用的拱门百合造型、在东展厅入口处做成弧形的百合墙等。同时，在温室的某些特定的位置作插花百合，在植物种植区种植不同颜色的盆栽百合等等，打造绚丽多彩的百合盛宴（图10-8）。

图 10-7　长木花园兰花展（杨庆华 摄）

图 10-8　长木花园百合展（长木花园 摄）

3. 睡莲展

每年的 8 月中旬开始到 9 月末，长木花园展览温室的四合院里展示世界各地的各种水生植物，5 个池塘里栽着超过 100 种昼夜盛开的热带耐寒性睡莲（*Nymphaea* spp.）、荷花（*Nelumbo nucifera*）、长木王莲（*Victoria* 'Longwood Hybrid'）和其他水生和沼泽植物。为了保证植物的健康生长，园艺师还将水温恒温控制到 26.7℃，同时，加入一种有机的黑色染料，以减缓藻类的生长，还有捕食蚊子的食蚊鱼。中心水池展示的长木王莲，小池展示的两个南美亲本王莲，都是每年从 2 月下旬开始种子培养，到了夏天，植株能形成直径 1.8m 的叶子，可以支撑 36～45 kg 的重量（图 10-9）。

4. 菊花展

长木公园从 1921 年开始栽培菊花。但举办长达将近 1 个月的大型菊花展是从 1984 年开始的。1994 年，长木公园栽培的大立菊（Thousand Bloom Chrysanthemum）首次在菊花展中亮相。目前，长木花园的园艺专家已经可以栽培出菊花的多种独特的展示形式，包括塔形的展示形式和大立菊。2010 年的长木花园菊花展展期由 11 月 1 日至 11 月 21 日，展出超过 2 万多朵五颜六色的菊花。2010 年，长木公园又有一个创举，他们嫁接的大立菊直径达 3.3m 左右，嫁接了 991 朵菊花，成为迄今为止北美洲最大的大立菊，在 2012 年，这一记录又被突破到 1167 朵（图 10-10）。

图 10-9　长木花园睡莲展（长木花园 摄）

图 10-10　长木花园菊花展（杨庆华 摄）

5. 圣诞花展

圣诞节是美国传统的节日，就像中国的春节，布展也是精心准备，整体呈现绚丽多彩、姹紫嫣红的美景。精品植物有一品红（*Euphorbia pulcherrima*），红果冬青（*Ilex verticillata*），大戟（*Euphorbia spp.*）等。造型园艺有圣诞树（八仙花、装饰物、凤梨）、单干形的秋海棠等，一派喜庆的节日氛围（图10-11）。

6. 其他专题花展

其他专题花展主要是根据自身收集的物种丰富程度进行展示。如秋海棠展，以日本松江花鸟园为例，每年春季集中展示秋海棠等悬垂类植物，其中秋海棠约1200个品种，倒挂金钟500个品种约1万株，另外还有苦苣苔、天竺葵等，种类和品种丰富，景观震撼，每年吸引大量游客前去参观（图10-12）。该园最有特色的秋海棠新品种"金正日花"（纪念日本与朝鲜的友谊，1988年2月16日作为庆贺金正日46岁生日礼物送到朝鲜），是由加茂元照（1930～）花了20多年培育成的，其特点是颜色鲜艳、高度重瓣。

图10-11　长木花园圣诞花展（杨庆华 摄）

图10-12　日本松江花鸟园（松江花鸟园 摄）

图 10-13　辰山凤梨展（杨庆华 摄）

再以辰山植物园 2017 年 5 月 28 日到 6 月 15 日举办的仲夏花展之凤梨展为例，共展出凤梨科植物 540 余种，近 8000 株，设立 9 个特色鲜明的主题景点（图 10-13）。其中热带花果馆分别营造空中花园、王者盛筵、五彩花境、生态景箱、菠萝一家亲、空凤传奇等景点，沙生植物馆运用旱生的种类（包括雀舌兰、直立凤梨、沙漠凤梨以及旱生的空气凤梨）营造"绝地逢生"景点，充分展示凤梨科植物在植物种类和生态习性上的多样性。南门大厅的"舞动的精灵"则将不同类型的凤梨科植物通过立体造型、框景、组盆形式结合片植、孤植等展示手法进行多角度、全方位展示，获得良好的观赏效果。

10.2.7　活动设计

随着温室功能定位的多元化和丰富化，展览温室的展示已不仅仅是植物及其生境的展示，更多地融入了活动元素，以其独特的人造环境和奇异的花果植物为舞台，进行多元的活动空间展示，从而满足植物和功能的双重需求。在温室里举行活动的类型丰富多样，如温室婚礼、温室宴会、温室表演等。当然还有其他的活动，如放飞蝴蝶等。

温室表演以辰山草地广播音乐节为例，在大自然中，近 12000m² 的草地上，以辰山温室为背景，举办草地广播音乐节，连续 7 年，赢得了政府、社会和市民的广泛关注和赞誉，已经形成了辰山品牌（图 10-14）。

10.3　展望

历经社会发展、技术变革与需求转变，展览温室俨然被烙上了时代的印记，不断在创新和发展中被重新定义。因而，展览温室的建设没有固定的参考模式，这是

图 10-14　辰山草地音乐会（沈戚懿 摄）

一项极为复杂的系统性工程，还受制于主、客观多重因素。值得注意的是，每一个展览温室都应给人们带来美的、生动有趣的、人与自然和谐共处的体验，且具备自身鲜明的特色，顺应历史潮流。新温室在规划设计初期，深入探索和分析现有的、极具代表性和影响力的展览温室，对其建设具有十分重要的启示意义。本书正是基于对新加坡滨海湾花园展览温室、韩国国立生态园的生态馆、上海辰山植物园展览温室等世界著名展览温室的客观研究，总结得出未来展览温室将围绕可持续的发展理念，朝着植物更奇特、博物性展示、功能多样化、更加智能化，以及植物与文化有机融合等方向发展。

可持续发展是当前时代的召唤，也是推动社会发展永恒不变的主题。展览温室既是生态文明的产物，也应成为绿色、可持续发展的典范。在全社会各行业积极走绿色转型之路的当下，只有不断创新发展理念、不断突破先进技术、不断引入新优产品，不断提升文化内涵，才能在时代的浪潮中坚挺地脱颖而出。基于以上对未来展览温室的发展方向和建设思考，可以从以下几个发面来考虑未来展览温室的发展战略：

新理念：展览温室从其产生本身就是含着金钥匙出生的，因此很长的一段时间内，展览温室的建设都是政府性的公益项目，更多地出现在植物园、中科院等单位。随着社会科学技术的进步以及人们对生态、环境的需求，政府主导的社会功能变化，未来的展览温室应该思考与商业相结合，是未来值得探索和尝试的一种新型模式。在温室内引入餐饮、零售、娱乐等项目，不仅能丰富温室的功能内涵，吸引更多游客前来游赏，还能有效降低温室环境维护的成本压力，为温室的长期运营提供充足的资金支持，确保温室的景观营造和配套技术等方面随时代的进步不断发展和革新，实现经济效益和生态效益的双赢，从而促进社会的可持续发展。

新技术：现代科技的发展，例如创新的建筑和节能技术，以及人工智能和大数据分析技术的应用，能够为高效、低碳、智能化的温室环控系统建设提供可靠的技术支持，实现资源的再生和可循环利用，符合现代社会对"绿色建筑"的大力倡导，是未来温室建设的必然趋势，同时，领先科技的示范性应用和对可持续发展理念的诠释也是展览温室的一大亮点。

新产品：随着科学技术水平的不断提升，性能优异、科技含量高的新材料、新产品越来越多地被应用到温室的建设中来，从结构和覆盖材料到植物素材和介质，都为展览温室的设计提供了更多的选择和挑战。例如具备高可见光透光率、低太阳热辐射透过率的玻璃用作温室外壳，能满足室内植物生长的光照需求，同时避免夏季室内温度过高，从而减少了建筑物空调设备的使用，节约能源并降低成本。相信随着材料学、建筑学、植物学等领域的研究和发展，将有更多的创新产品用于温室规划建造。

新景观：在温室的景观设计上，要以尊重科学与自然为基础，同时注重文化与艺术的融合，表现一个精神与物质并重的人为展示环境。温室内可种植一些本土植物，再搭配当地特色文化元素，体现城市特有的精神面貌和文化气息，激发人们对该文化的向往和追求。同时，景观的设计还要结合不同时期大众的审美和欣赏需求，真正带给人们一种美的、愉悦的体验。

新需求：亚马逊星球的建成应该说彻底解放了人们的思维，让温室的发展理念再一次突破，与人们的生活、工作密切相关，并成为人们生活的一部分，从而满足人们对美好生态环境的需求。

建设新的展览温室，需要在全面认识未来展览温室的发展趋势的基础上，坚持可持续的发展理念，再对新温室进行全面的 SWOT 分析、需求调研与分析、温室定位、设计思考、展示主题和形式研究、活动设计，使新建的展览温室能与其所处的历史时期、自然地域、经济发展程度、科学技术水平、社会结构等相协调，同时满足公众的需求。

后记

近几年，展览温室的发展非常迅猛，尤其是美国西雅图的亚马逊星球、新加坡星耀樟宜横空出世，突破了原来展览温室展示植物、景观、科普和文化内涵的范畴，把更多的功能、人的活动融合在一起，使温室成为载体，形成生物多样性（植物、动物等生态系统）、功能多样性（餐饮、聚会、发布会、时装秀等）、科普多元化（展牌展示、声光电展示、模型展示等）的展示平台。通过我们10多年对世界展览温室的梳理，亲身参与国内几个展览温室的建设，以及最近几年郑州、南昌、青岛、太原、上海、北京等相继在建或规划要建的展览温室对我们的咨询，我们迫切地感受到，未来展览温室将迎来一个高速发展的时机，且建成的展览温室会成为一个时代或城市的标志。

如何建成一座有特色、有内涵、有吸引力的展览温室是一个需要探讨并长期探索的问题。结合上海辰山植物园展览温室的建设、维护和管理，著者于2014年开始执笔这方面内容的撰写，当时的提纲是从建筑与环境、植物与主题、景观与展示、空间与功能、展示与生产的脉络开始着手，整理完之后，仔细推敲，反而感到困惑，有几个问题始终不得解：（1）为什么要建温室？（2）建什么样的温室？（3）建成后吸引谁来看？（4）如何支撑高昂的维护？政府还是企业？在现今温室遇到诸多问题的基础上，之前温室的定位还是一个室内精致的植物展示空间。直至韩国生态馆、亚马逊星球、新加坡星耀樟宜等相继建成，思路忽然完全打开了，展览温室的主体除了展示植物外，还需要重点服务公众。21世纪是多元化的社会，人们对多功能和高品质生活的需求越来越高，越来越期望在城市中心能够欣赏到自然，欣赏到全球不同气候的植被和生物多样性。因此，全球很多国家的城市中心不断涌现出一个个新的展览温室，并且其建设的主体从植物园等科研机构拓展到倡导建设城市公园的政府以及自然办公的企业等，其建设的功能从满足科研科普需求到融合园艺、人文、自然、生态、博物等形式的全方位多功能展示，其建设的区域也从偏远地区向城市中心转移。

本书着重对2005年以后比较有代表性的新建和翻修展览温室进行总结分析，找出其规律，并指导未来展览温室的建设，这具有前瞻性的指导意义。总结其规律主要有：（1）温室建筑：更趋向于艺术建筑和内部大空间的无柱化；（2）更趋向于特色、奇异植物的收集，如百岁兰、巨魔芋等；（3）趋向于生物多样性的展示，突破了以前植物、植物故事以及文化的展示范畴，使得呈现生态系统多样性、整体性的展示；（4）展示内容更有多样性和季节性，既展示单位面积的物种丰富度，又根据季节和重大节日进行特色花卉展示，同时，还可以进行主题式的探索和互动活动，如观察动植物协同进化等；（5）更趋向于功能多样性展示，使得温室成为载体，承担植物和景观展示、科普和文化展示、工作和自然相融、活动和商业并举等多元化功能；（6）环境系统更智能化，能源更节能、更环保。

纵观整个展览温室的发展历程，可以看出，展览温室的发展是随着文化和技术的发展、对自然认识水平的提高、对高品质生活的需求以及功能多样性的拓展进一步发展和延伸的。展览温室的发展史其实就是一部社会发展、技术变革及需求转变的历史，每个时期代表性的展览温室都烙上了时代的印记，在不断创新和发展中不断重新定义。展览温室的建设没有固定的参考模式，这是一项极为复杂的系统工程，还受制于主、客观等多重因素影响。但值得庆幸的是，每一个新展览温室都应给人们带来美的、生动有趣的、人与自然和谐共处的体验，且具备自身鲜明的特色，顺应历史潮流。结合著者的亲身建设以及对世界著名展览温室的研究，总结得出展览温室未来的发展将围绕可持续的发展理念，朝着植物更奇特、博物性展示、功能多样化、更加智能化，以及植物与文化有机融合的方向发展，重点体现新理念、新技术、新景观和新需求。

编著者
2020 年 2 月